전통주 비법과 명인의 술

조정형 이강주 명인이 후학에게 전하고자 하는 전통주 지침서

전통주 비법과 명인의 술

고천 조정형 · 조윤주 지음

다온북스
DAON BOOKS

제 1 절

전통술의 기초개론

제2절

전통주의 역사

제3절
술 빚는 도구와 용어

제4절
양조 기법

명인의 술

발간사

신은 물을 만들고 인간은 술을 만들어 생명의 물이라 이름하였다.

지구촌 어느 곳이나 그곳에 알맞은 술이 있으며 사계절이 확실한 우리나라도 더 멋있고 맛있는 술 문화가 일찍이 발전되었던 것은 자연의 순리이기도 하다.

일제의 시련기를 거치면서 밀주의 형편에 있다가 1990년부터 다시 회상하여 앞으로는 세계의 술로 도약되리라 저자는 믿는다.

사제를 털어 전국을 찾아 돌아다니며 자료를 수집하고 56년간 술을 빚으며 모아 두었던 자료와 몇 가지 현장에서 필요한 비법을 모아 90년에 처음 저술한 책《다시 찾아야 할 우리 술》에 이어 네 번째 책을 저술한다.

술이 발효되어 완숙되고 다시 숙성하면서 최고의 맛과 향을 내는 경지에 오르나, 어느 기간이 지나면 노숙된다.

이제 저자도 80이 넘어 노숙되어 대한민국 식품명인체험홍보관 관장으로 있는 조윤주 씨에게 명인의 술 자료와 기초개론 자료를 수혈받아 공동 저술로 이 책을 내게 되었다.

후학들이나 양조에 관심 있는 애호가에게 매력 있는 참고의 저서로 남기를 바란다.

끝으로 원고를 같이한 조윤주 관장, 출판을 도와준 다온북스 곽철식 대표님, 편집에 애써준 후계자 조성심 그리고 편집을 같이한 여러분께 고마움을 표한다.

2021년

이강주 대표 고천 조 정 형

전통주의 발전을 기리면서

대한민국식품명인협회 식품명인체험홍보관

관장 조윤주

얇은 사(紗) 하이얀 고깔은
고이 접어서 나빌레라.

파르라니 깎은 머리
박사(薄紗) 고깔에 감추오고

두 볼에 흐르는 빛이
정작으로 고와서 서러워라.

빈 대(臺)에 황촉(黃燭)불이 말없이 녹는 밤에
오동잎 잎새마다 달이 지는데

소매는 길어서 하늘은 넓고
돌아설 듯 날아가며 사뿐히 접어 올린 외씨보선이여.

까만 눈동자 살포시 들어
먼 하늘 한 개 별빛에 모우고

복사꽃 고운 뺨에 아롱질 듯 두 방울이야
세사(世事)에 시달려도 번뇌(煩惱)는 별빛이라.

휘어져 감기우고 다시 접어 뻗는 손이 깊은 마음 속 거룩한
합장(合掌)인 양하고

이 밤사 귀또리도 지새우는 삼경(三更)인데
얇은 사(紗) 하이얀 고깔은 고이 접어서 나빌레라.

— 조지훈 시, 승무(僧舞)에서

진정한 예술의 기준은 무얼까라고 생각해 보면, 달밤의 산사 위 고운 춤사위를 언어의 섬세한 조화를 통해 인간 내면의 감정을 취한 이 시처럼, 하루가 멀다고 고두밥을 매일같이 지어 보글거리는 소리를 즐기고 향을 음미해가며 마침내 입안에서 터져 나오는 감탄의 탁주, 약주를 만들어 취하는 과정 역시 예술일 것입니다.

우주의 삼라만상(森羅萬象)을 통달한 듯, 깊고 짙은 혜안(慧眼)을 지니신 조정형 회장님을 만나, 미숙하기만 했던 제 얕은 시각을 숙성시킬 수 있었습니다.

조정형 회장님의 뜻에 따라, 이 책이 훗날 후학의 지침서로 많은 학도에게 도움이 되기를 바랍니다.

본 원고를 출간할 수 있게 도움을 주신 다온북스 곽철식 대표님과 대한민국식품명인협회 명인님들과 대한민국 식품명인체험홍보관 식구들에게 감사 인사를 전합니다.

완숙의 과정으로, 열심히 달려 나가고 있는
조윤주 드림.

추천의 글

대한민국식품명인협회

회장 양대수

신이나 조상을 모실 때에는 술은 예를 갖추어 정성으로 빚었기 때문에 다른 음식과 달리 '만든다'라는 표현보다 고상한 예술적 표현으로 '빚는다'고 말하여왔다.

인간과 희로애락을 같이한 술은 예술적인 멋과 맛으로 음식의 최고 걸작이기도 하다.

이러한 의미에서 대한민국 식품명인이며, 향토무형문화재이신 이강주 회장 조정형 명인은 이론과 실무를 두루 섭렵한 명실공히 전통주 업계에서 큰 어른이시다.

그는 주조사 일급기술자로서 대기업의 주류공장 공장장으로 30여 년 종사하였고, 그 후 이강주 대표로 35년 운영 중이다.

또, 대한민국식품명인협회를 창립하여 초대 회장을 다년 역임하면서 오늘의 협회로 발전하는 데 기여가 크다.

그는 사제를 털어가면서 전국의 전통주 자료를 수집하고, 제조 연구한 자료인 《다시 찾아야 할 우리 술》 저서를 1990년에 발간했다. 전통주 저서로는 처음 발표하여 그 당시 밀주에서 전통주로 알리는 데 크게 이바지하며, 이 책은 전통주 초대 교과서 역할을 하였다.

그 때문에 이번 네 번째 저술을 한다니 더욱 반갑다. 이번 저서 《전통주 비법과 명인의 술》에는 대한민국식품명인협회 식품명인체험홍보관에서 관리·운영과 전통식품 체험 프로그램을 진행·강의하고 있는 조윤주 관장의 현실 감각에 맞는 원고를 추가하여, 깊고 폭넓은 저서로 편집됨을 더욱 반긴다.

술을 직접 생산하는 종사자들뿐 아니라 우리 전통주에 관심 있는 분들에게 좋은 안내서 역할을 하며, 주류 문화 발전에 크게 기여하리라 본다.

저자와 마주 앉아 이강주를 기울이면

> 난능(蘭陵)의 좋은 술
> 울금향(鬱金香) 내음
> 구슬잔에 술 따르니
> 호박(琥珀) 빛깔
> 주인이 잘해서 취하도록만 해준다면
> 어느 곳이 타향인지 나그네야 어찌 알랴!

이백(李白)의 사심이 마음에 와 울리는 듯하다.

2021년
대한민국식품명인협회 회장 양 대 수

전통술의 기초개론

전통주의 정의·역사·분류

술의 정의

알코올 1도 이상의 음료와 가루 상태의 것을 주류라 하는데, 예외로 의약품으로 6도 미만의 것과 음용으로 할 수 없는 용제 등으로 할 때는 제외된다.

가루술의 경우는 1kg을 0.76L로 환산하여 주도를 정한다.

전통주의 정의

문화재의 술, 명인의 술, 영농법인의 술을 전통주라 공인하는데, 문화재의 술은 문화체육관광부(문체부)에서 지정하고 명인의 술과 농업생산자 단체의 영농법인의 술은 농림축산식품부(농림부)에서 추천하여 지정한다.

전통의 역사와 국내 원료로 사용하여 제조되는 술이다.

전통주의 역사

우리나라 술의 기원으로는, 고구려 주몽의 탄생 신화에 대한 술의 기록이 있다.

『제왕운기』에 처음으로 술에 대한 이야기가 나오는데, 하백의 딸 유화가 해모수를 꾀어 술에 잔뜩 취하게 한 후 해모수의 아이를 잉

태하였는데 그가 '주몽'이라는 이야기다. 주몽은 고구려 시조이다.

『삼국지』 동이전의 기록에 의하면, 고구려에는 좋은 술을 담그는 기술이 발달하였다고 기술되어 있으며, 고구려의 제천 행사에서 밤낮으로 술을 마시고 노래하고 춤을 추었다는 옛 기록이 있다.

『제민요술』의 고서에서는, 고구려의 술 빚는 방법은 중국으로 건너가 '곡아주'라는 중국 명주를 낳았다고 기록되어 있다.

그 후 백제와 신라에 전해져 뿌리를 내리고 일본에 전해졌는데, 일본에서는 '헌법은 고치되 고사기는 고치면 안 된다'라는 말이 있을 정도로 유명한 고서(우리나라 왕조실록에 해당) 『고사기(고지키, 古事記)』의 「응신천황(오진 천황, 270~312) 편」에, 백제의 술 빚는 장인인 '수수보리'가 일본에 건너가 술을 빚어 바쳤더니 왕이 그 술을 마시고 기분이 좋아 다음과 같은 노래를 불렀다.

수수보리가 빚은 술에
나도야 취했노라
태평술 즐거운 술에
나도야 취했도다

이후로 수수보리는 일본에서 주신으로 모셔져 오사카 츠츠키현의 지방문화재로 등록되어 신사에서 신의 대우를 받고 있다.

제조장에서 첫해 첫술이 나오면 보리신사(사가신사)에서 사카바야시(주림)의 상징물을 받아 문 앞에 걸어놓으면 고객이 새 술을 구하러 오는 풍속이 있다.

우리나라는 사계절이 뚜렷하여 쌀과 곡식 그리고 물료의 향미와 진미가 강하여 술맛이 좋았으며, 일찍 누룩 빚는 양조 기술의

터득으로 맛 좋은 술을 빚는 곳으로 중국의 고서에서 여러 곳이 나온다.

농경문화와 멋과 맛을 즐길 줄 아는 절기주, 가용주의 발달이 좋은 술 빚는 나라로 알려진 이유이기도 하다.

전통주의 특징

일반적으로 대대로 이어온 전통의 역사가 있고 국내 원료로만 빚어지는 술을 전통주라 정의한다.

어느 나라든 술은 그 나라의 환경에 맞게 전통성과 역사성을 가지고 나름대로 멋과 맛을 자랑하면서 환경과 식생활의 변화에

적응하면서 발전되어왔다. 또한, 생활 습관의 변화에 따라 다양한
술들이 출현되었던 것이다.

우리의 전통주는 주로 곰팡이 균을 이용하여 빚어지는 누룩술
이다. 크게 나누어 보면 동양은 누룩 균 발효에 의한 양조법이고,
서양은 엿기름 같은 보리의 싹에서 나오는 효소 즉, 엿기름을 가지
고 물리적으로 당화시켜 효모 발효시키는 양조법이 발달되었다.

우리나라의 누룩은 중국, 일본과 같이 밀 누룩을 사용하나 중국
은 찹쌀, 수수를 주로 사용하고 일본은 멥쌀을 주로 사용했다.

우리 술의 원료로는 멥쌀, 찹쌀, 잡곡 등의 다양한 원료로 다양
한 술들이 집집마다 가양주, 절기주로 빚어져 그 다양성에 역사가
깊다. 이러한 다양성에서 중국은 관을 위주로 성주나 특권층에게
서만 제조되었고, 일본도 비슷하게 특수한 계층만 술을 빚었는데
우리나라는 민가에서 자유자재로 제조판매가 허용되어 술의 발달
이 활발했다.

1909년 구한말 주세법 제정 공포가 있을 때 영업자 수는 납북
모두 합쳐 121,800명이 있었다고 하니, 가양주의 다양성과 활성화
를 짐작할 수 있다.

전통주의 분류

면허제도가 없던 때, 통상적 분류법에서는 양조주, 증류주, 혼성주
세 가지로 나누어 제조됐다.

가정에서 제조할 때에는 양조주를 빚어 가운데에 용수를 넣어,
맑은 술은 '청주'라 하여 주인집 술 접대용으로 하고, 용수 밖 탁한

술은 '농주'라 하여 농사일에 쓰였다. 게다가 오래 두고 마실 수 없는 냉동 방법이 없을 때 일부는 소주를 내리고, 더 맛있는 술을 빚기 위하여 약재나 향신료를 넣어 장기 숙성시켜 마셨던 것이다.

이와 같이 양조주, 증류주, 혼성주를 같이 빚었던 제조 풍속이 내려왔다. 그러나 현재는 면허제도에 따라 양조주에는 '막걸리', '탁주', '청주', '맥주'로, 증류주에는 '소주', '위스키', '브랜드', '진', 혼성주에는 증류주에 과일, 약초, 당분을 넣어 이성분을 추출해 만든 다양한 술들이 있다. '매실주', '모과주', '이강주', '홍주' 등을 예로 들 수 있다.

막걸리 제조

막걸리는 한국의 대표 술로, '쌀과 누룩을 빚어 그대로 걸러 내어 만든다'하여 "막걸리"라 이름 붙여졌다. 쌀 외에도 소맥분, 옥수수, 고구마 등이 있으며 발효제로는 누룩, 입국, 조효소 등이 있다.

일반적으로 제조의 한 예를 들면, 쌀 100L를 가지고 입국으로 35kg을 쓰고 증미로 65kg 하면 물 160L를 넣고 정제 효소 40g을 넣으면 7도 막걸리 550L가 생산된다. 쌀 1에 5.5배 되는 7도 막걸리가 생산되는 셈이다.

물의 원료 비율은 160%인데, 제조장에서는 160수라 하면서 급수 비율을 정한다. 이 급수 비율에 따라 숙성 도수가 정해진다.

약주

삼한 시대를 거쳐 고려 중기에 이르러 양조 기술의 향상으로 이때부터 탁주, 양주, 소주 등의 주종이 명문화되기 시작했다. 조선 시대에 와서는 가용주, 절기주, 지방 특산주 등의 멋과 맛을 자랑하는 술들이 출현하게 되었다. 이때의 약주는 쌀과 누룩으로 술을 빚을 때 식물 약재를 넣어 빚은 약용주의 약주이다.

일반적으로 약주 제조 시, 쌀 100kg에 누룩 10~20%를 역가에 따라 발효제로 사용하여 물 160수를 가하여 발효시키면 16도 약주 250L가 얻어진다. 원료 1에 2.5배의 16도 약주가 얻어지는 셈이다.

청주

청주는 이름 그대로 맑은 술, 탁주와 비교하여 붙여진 이름이다.

조선 시대에는 포괄적으로 약주라는 말이 더 많이 쓰였다. 이름 그대로 엄격히 구분하자면, 쌀·누룩·물만을 이용하여 만든 술은 '청주'라 하고, 쌀·누룩·물 이외에 몸에 좋은 약재를 넣어 빚은 술을 '약주'라 생각되기 쉬우나 실제로는 정반대이다.

청주는 약주보다 주도가 높고 고유의 향취를 가지고 있는 특징이 있다. 주도를 높이기 위해서는 20일주, 100일주 등이 많았으며 '법주', '연엽주', '손순주', '백일주', '송화백일주', '송화주', '추성주' 등의 예를 들 수 있다.

증류주의 원리와 역사

증류주의 원리

알코올은 78℃에서 기체화되고 물은 100℃에서 기체화되는데, 먼저 수증기가 되는 알코올 증기를 냉각하여 액체 알코올로 만드는 원리이다.

한번 증류하여 증기·냉각해 얻어지는 '단식증류 방식'이 있으며, 여기에 '문배주', '안동소주' 같은 전통 소주와 '코냑', '브랜디', '위스키'가 이에 속한다. 단식증류는 소량의 생산시설이지만 술 향이 알코올과 같이 추출되는 장점이 있다.

'연속식 증류'는 증기, 냉각, 수득을 1회에 한하지 않고 탑 안에서 수십 회 반복하면서 알코올 순도를 높이는 방법이다. 증기·냉각된 술에 물을 가하여 다시 증기, 냉각, 급수를 반복적으로 하는 연속식 증류 장치인 증류탑의 시설에서 행하여진다.

대량 제조 시에 연속식으로 한다. 하나, 연속식 증류는 순 알코올만 생산되는 결과로 술을 만들 때는 맛을 내는 재성과 물을 가지고 희석하는 과정이 따른다.

대표적인 것이 97도 주정으로 이는 희석식 소주의 원료이다.

증류주의 역사

우리나라 전통 증류주인 소주는 고려 충렬왕(1277) 때 몽골에서 들어와 개성과 안동에서 성행되었다.

▲ 단식증류기(우)와
연속식 증류기 탑(좌)

1240년경 몽골군이 서쪽 페르시아까지 정복하면서 얻은 전리품중 하나가 40~63도의 증류주를 만드는 방법이다.

몽골의 쿠벨라이는 국호를 '원'이라 칭하고, 개성을 대본당으로 하였으며 일본 원정을 위해 안동과 제주를 전초기지로 삼았다. 때문에 독주를 즐기는 몽골인이 농사보다 수익이 좋은 소주 만들기를 성행시켰던 이유이기도 하다. 이때 소주고리라는 것을 처음 사용하여 소주를 받아내렸다.

이전에는 가마솥에 약주를 넣고 시루를 얹은 다음 떡시루 가운데 옹기 같은 수기를 놓은 후, 솥뚜껑을 거꾸로 엎어 찬물을 갈아주면서 소주를 내리는 가내 방법이 있었다. 그러나 수득량이 현저히 낮고 복잡하기도 하여 음용의 목표보다는 약소주제도로 특별할 때만 빚었다.

소주는 아주 귀한 술로, 상류층에서 특별한 날에 마시는 술이

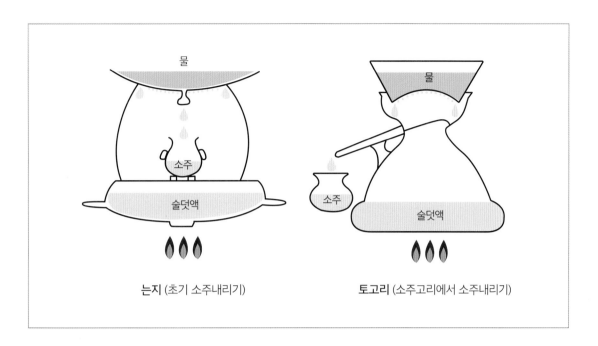

는지 (초기 소주내리기)   토고리 (소주고리에서 소주내리기)

었다.

민가에서는 조선 초까지 거의 약용으로 쓰였으나, 조선의 기본 법전인 『경국대전』에는 약용 외에는 소주를 마시지 못하도록 명시되었는데 양곡의 부족으로 기인한 듯하다.

조선 9대 왕 성종(1469~1494) 이후 대중에게 보급되기 시작하여, 조선 말에는 마포 공덕동 일대에서 소주 빚는 곳이 100여 호며 여기에 들어가는 쌀이 1,000섬이라는 기록이 있다.

쌀, 곡식과 누룩, 물만으로 만든 순곡주와 소주에 약재를 넣어 만든 약용 소주가 있는데 순곡소주에는 '안동소주', '문배주' 등이 있으며 약용 소주에는 '이강주', '감홍로', '홍주' 등을 예로 들 수 있다.

폭탄주는 몇도일까?

19도 소주 한 잔에 5도 맥주의 폭탄주는 8도.
25도 소주 한 잔에 5도 맥주의 폭탄주는 9도.
38도 소주 한 잔에 5도 맥주의 폭탄주는 14도
정도의 주도를 가진다.

• 산출 근거

19도 시	$0.19 \times 50mL = 9.5$ $0.05 \times 200mL = 10$ $19.5 \div 250 = 0.78$ (약 8도)	
25도 시	$0.25 \times 50mL = 12.5$ $0.05 \times 200mL = 10$ $22.5 \div 250 = 0.9$ (약 9도)	
38도 시	$0.38 \times 50mL = 23.5$ $0.05 \times 200mL = 10$ $33.5 \div 250 = 13.4$ (약 14도)	

미국식 주도 표시 Proof와 알코올 % 관계

알코올 농도라 함은, 온도 15℃일 때 용량 100분에 함유한 에틸
알코올의 용량을 말한다.

영국의 도수 표시는 'Syke'가 고안한 알코올 비중계에 의한 것

을 도수환산표에서 찾아 주도를 알아내어 %로 표시한다.

　　미국의 술은 강도 표시를 'Proof' 단위로 한다. 60°F(16.5℃)에서의 물은 '0'으로 하고, 순수 알코올을 200 Proof로 하고 있다. 하여 % 주도 표시를 2배로 한 숫자와 같다.

　　100 Proof는 50%.

　　86 Proof는 43%.

　　50 Proof는 25%라는 의미이다.

혼성주

혼성주는 양조주나 증류주에 기타 물료를 직접 첨가하거나, 침출하여 첨가하는 술과 2가지 술을 혼합하여 만든 술을 말하는데 현재 분류법으로는 기타 재제주가 이에 속한다.

　　과일이나 곡류를 발효시킨 술을 기초로 하여 증류한 증류주에 당분을 더하고 과일이나 과즙, 꽃, 약초, 초근목피의 침출물로 향미를 더한 술이다. 이에는 '진도홍주', '감홍로', '인삼주', '송화백일주' 등이 있다.

　　또, '여름을 난다'는 술로 알려진 과하주같이 약주에 증류주를 혼합하여 만들어지는 술들이 있다. 여름에 상하기 쉬운 술을 증류주로 주도를 높여 안정도를 높여주는 수단으로 하였으며 증류주는 일반적으로 주정을 사용하였다.

이때 25도 소주 360mL와 38도 소주 360mL 2가지 술을 혼합 시 31.5도로, 주도 예측 방법은 다음과 같다.

0.25 × 360 = 90(알코올 계수)

0.38 × 360 = 136.8(알코올 계수)

90 + 136.8 = 226.8(총 알코올 계수)

226.8 ÷ 720 = 31.5

이와 같이, 총 알코올 계수를 먼저 알고 총 용량으로 나누어지 면 혼합물의 주도를 알 수 있다.

한국의 전통주 칵테일

이제 웰빙(well-being) 시대로 돌입하면서 자기 PR 시대가 존중되 고 음주문화도 변화하고 있다.

따라서 가양주(Home Liquor)라던가, 칵테일 문화도 급속히 발 전하고 있다. 다음과 같은 몇 가지 전통주 칵테일들을 소개한다.

① 이강주 칵테일 강강술래

강강술래는 3월에 만개한 벚꽃색의 칵테일이다. 하지만 여성스 러운 색과 달리 반전 있는 맛을 자랑한다. 이강주가 주는 강렬한 맛 이 지배적이며 단맛이 두드러지지 않고 드라이한 느낌으로 입안에

머문다. 살짝 들어간 캄파리가 끝 맛을 쌉싸름하게 마무리한다. 칵테일 강강술래는 전주의 대표 전통주인 이강주와 칵테일 재료가 잘 어울리듯, 모두가 어우러져 노는 놀이 강강술래에 빗대 만들어졌다.

재료

이강주 45mL

꼬앵뜨로 15mL

캄파리 5mL

작품개발

(사)한국바텐더협회 칵테일연구회

② 금산인삼주 칵테일 금상

재료

금산인삼주 45mL

칼루아 15mL

애플사워 15mL

라임 주스 5mL

작품개발

(사)한국바텐더협회 칵테일연구회

③ 문배주 칵테일 단풍주

재료

문배주 40mL

꼬엥또르 5mL

오미자시럽 15mL

크랜베리 주스 30mL

작품개발

(사)한국바텐더협회 칵테일연구회

④ 이강주 칵테일 이강주 마티니

이강주는 조선 중기부터 전라도와 황해도에서 빚어 온 한국의 전통 민속주로 소주에 배(梨)와 생강을 혼합하여 만든 술이다. 이강주 마티니는 국내산 생강 시럽을 넣고 셰이킹 기법으로 만들어 은은한 생강 향과 달콤함이 잘 어우러진다.

재료

이강주 60mL

생강 시럽 10mL

작품개발

(사)한국바텐더협회 칵테일연구회

⑤ 명인 안동소주 칵테일 양반

안동소주의 누룩 향과 대추 식초의 새콤한 맛을 꿀이 중간에서 효과적으로 표현했다. 예부터 양반의 도시였던 안동의 술을 현대적으로 해석한 품격 있는 칵테일이다.

재료

명인 안동소주 60mL

대추 식초 5mL

아카시아 꿀 10mL

작품개발

(사)한국바텐더협회 칵테일연구회

⑥ 감홍로 칵테일 힐링

재료

감홍로 45mL

베네딕틴 10mL

크램 드 카시스 10mL

스위트 앤 샤워 30mL

작품개발

(사)한국바텐더협회 칵테일연구회

민속주 역사와 가야 할 길

민속주의 초기

세계 여러 나라에는 그 나라의 환경에 맞는 독특한 민속주가 있듯이, 우리나라도 삼한사온의 기후 조건으로 하여 농산물은 진미가 강하고 또 농경사회로 이어오면서 세시풍속이 많고 여기에 술이 꼭 동참되었기에 술은 우리 일상생활에 큰 비중을 차지하였다.

우리 술의 첫 기록을 살펴보면 이 땅의 초기 세시풍속이던 영고, 동맹, 무천의 군중대회에 밤낮으로 식음하였다고 「위서(魏書)」동이전에 기록되어 있는데 누룩을 써서 만든 흔적을 엿볼 수 있다. 하여 지금도 민속주의 특징 중 하나로 누룩을 만들어 술을 빚었고, 서기 28년에 맛 좋은 술을 빚어 일본에 전파하였다.

민속주의 전성기

고려 시대에는 사찰이 여행자의 숙박지로 이용되면서 절 인근에서 술의 제조판매가 성행되었는데 대개 농주가 빚어졌다. 함경도는 잡곡, 전라도는 쌀과 고구마, 제주도는 차조, 강원도는 옥수수, 경상도는 산야초를 이용하여 빚는 지역 특산주가 많았다.

고려 때 제주도와 안동은 몽골의 일본 원정 전초기지로, 몽골인이 많아 도수 높은 술의 수요가 늘고 소득도 높아 소주 제조가 성행하였는데 지금도 전통 소주의 본당 역할을 한다.

이때 전통 민속주의 이름이 약주, 소주, 약소주로 분리되어 270여 종으로 나타난다.

민속주의 침체기

일제의 침략으로 1920년 민속주 제조 금지령이 공포되면서 민속주는 심한 단속으로 제사 술로도 빚을 수 없는 밀주로 전락하였는데 해방 후에도 양곡 정책으로 단속되어 1989년까지 근 70년간 완전히 단절되었다.

민속주의 나아갈 길

① 전통을 바탕으로 문화상품으로 발전, 세계 명주로 도약, 수출상품으로 육성
② 품질 향상을 위한 장기 숙성주의 개발
③ 획기적 마케팅에 관한 국가의 지원책
④ 민속주의 품질개선을 위한 균주 연구소 필요
⑤ 유명무실한 민속주 협회의 정립, 협회를 통한 위생·제조·판매의 자율적인 통제 및 감독의 제고

전통주 역사

술의 유래

자연으로부터의 선물: 천연주의 기원

술은 언제부터 시작되었는지 알 수 없으나, 술이란 인류의 형성과 더불어 원시시대부터 자연 발생적으로 출현됐을 것이라 연구되고 있다.

"물은 신이 만들고 술은 인간이 만들었다"는 말이 있듯이, 글자가 생기기 훨씬 이전부터 존속되었다는 것은 은(殷) 시대의 유적에서 술 빚는 항아리가 발견된 사실로도 충분하다. 보름달 아래 원숭이들이 바위나 등치를 오목한 곳에 잘 익은 산포도나 머루를 달 밝은 보름밤에 넣어두고 다음 달 달 밝은 보름밤에 찾아와서 술을 마신다는 이야기는 여러 나라에 있다. 이와 같은 자연적으로 빚어진 술을 '천연주'라고 한다. 천연주에는 꿀과 과일 같이 자연 그대로 두어도 천연발효가 이뤄지는 것이다.

이와 같이 천연주와 관련된 현대어의 예로는 허니문(honey moon)이 있다. 이는 스칸디나비아에서 신혼부부가 한 달 동안 벌꿀 술을 마시는 풍속에 의하여 유래된 단어이다.

인류가 처음 스스로 빚기 시작한 술

술 성서에는 인류가 처음 스스로 술을 빚기 시작한 노아 시대에 사람의 침을 이용하여 술을 빚는 포도주가 등장하는데, 이를 보면 인간은 6,000년 전부터 포도주를 빚었던 것을 알 수 있다.

인간의 특별한 기술로 만든 최초의 인위적인 술로는 입으로 씹어 만든 술이 있는데, 바로 아마존의 '치차술'이다. 이 술은 아마존 대표 민속주로, 손님이 그 집안의 여성이 술을 가지고 나오는 것을 기다려 대접받는 습관으로 지금도 행하여지고 있다.

이와 비슷하게 한국에서도 씹어 만든 술이 있다.

「위서(魏書)」 읍류국전에 의하면 '곡식을 씹어서 술을 빚는데 이것을 마시면 능히 취한다'라고 하였다. 능히 취할 수 있다는 표현으로 미루어 주도는 그리 높지 않았을 것이다. 이러한 술을 『지봉유설(芝峰類說)』에서는 처녀들이 만들었다 하여 '미인주'라 기록하고 있다.

곡식을 씹어서 술을 빚는 모습은 우리나라뿐 아니라 중국, 유구국(琉球國, 지금의 일본 오키나와)에서도 찾아볼 수 있는데, 처녀들이 모여서 사탕수수 줄기로 이를 닦고 바닷물로 입속을 가셔 내고는 쌀을 씹어 술을 빚었던 것이다.

미인주는 가장 원시적인 곡물주로 조상의 제사에 쓰이며 지금도 일부 부족들이 만들고 있다고 한다. 그 후 누룩이나 맥아를 이용하여 당화 발효시켜 술을 빚는 방법이 아시아 문화권에서 차차 발전하게 되었다.

또 다른 예로 유주(乳酒)도 있는데 유목 민족은 마유(馬乳)를 저어서 그대로 며칠 두었다가 걸러서 마신다. 그들은 마유를 음료수처럼 쉽게 만들어 마셨으며 벌꿀과 섞어 놓아 자연적으로 도수 높은 술을 만들기도 하였다.

술의 어원

'술'이라는 단어는 술의 특성을 살펴서 나온 단어이다.

첫째로 술이 목으로 술술 넘어간다는 뜻에서 술이라는 이름을 지었다는 설이 있고, 둘째 어원은 술을 마셨을 때 느낌을 표현해서 이어진 부분이라는 설도 있다.

조선 시대 한글 문헌에는 '수울' 혹은 '수을'로 기록되고, 수블은 '수블=수울=수을=술'로 음이 변형되어 왔음을 알 수 있다. 한글에서 술의 어원이 수불이라면 술이 정신작용과 연계시켜 어원으로 이어져 왔음을 이야기할 수 있다. 「조선관역어(朝鮮館譯語)」에는 술을 수본(數本)으로 표기하였다.

술(酒)의 옛 글자는 유(酉, 닭·별·서쪽·익을 유)인데, 유(酉)는 본래 저장 용기로 뾰족한 술 항아리에서 나온 글자로서 이 항아리 속에서 발효시켰을 것이다.

그런데 밑이 뾰족한 가강금지(佳江金之)는 침전물을 밑바닥에 모으기 편리하다고 말하였다.

그 후 유자(字)는 '닭·별·서쪽·익는다' 등의 뜻으로도 쓰이게 되고, 유(酉)에다 물 수변이 붙어 있는 것이 주목된다.

신화와 전설에 담긴 세계의 술

동서양의 전설이나 오랜 신화에 으레 술이 등장하는 것은 그만큼 인간과 술의 관계가 오래되었음을 말한다. 서양에서는 신화로, 동양에서는 전설적인 이야기로 전해 내려오는데 나라마다 그들의 술과 관련된 유래는 다음과 같다.

이집트 신화

천지의 신이며 최고의 여신이라 하는 이시스(Isis)의 남편인 오시리스(Osiris)가 보리로 맥주를 만드는 방법을 가르쳤다 한다.

그리스 신화

디오니소스(Dionysos)가 술의 시조라고 한다. 술의 별칭은 바커스(Bacchus, 바쿠스의 영어 이름)의 선술 또는 바커스라고 하는데 이것은 후세에 붙여진 디오니소스를 이르는 말이다. 디오니소스는 어머니 세멜레(Semele)가 임신 6개월에 죽자 요정들에 의해 양육되고 늙은 실레노스들의 교육을 받으며 성장하였다. 디오니소스는 어느 날 뉘사산에서 뛰어놀다가 포도주를 발견하여 이것을 가지고 그리스로 돌아와 이카리오스에게 전했다. 이카리오스는 기뻐하면서 신기한 포도주를 근처의 목동들에게 한 잔씩 권했더니, 그들은 달콤한 맛에 많이 마시고는 술에 취하여 아찔해지자 독약을 타 먹인

줄 알고 이카리오스를 죽이고 말았다. 이렇게 하여 이카리오스는 최초의 술 순교자가 된 셈이다. 지금도 그리스 아타카주에서는 '디오니소스제' 혹은 '시골제'라 하여 신에게 포도주를 바치는 포도주제가 거행되고 있다. 그리스의 고전극이 발달된 것도 이 행사 덕분이라 한다.

로마 신화

바커스가 처음으로 술을 빚었다 하여 바커스를 술의 신이라 한다.

구약 성서

노아(Noah)가 세계에서 최초로 술을 빚었다고 하는데, 그 술이 포도주였다고 한다. 성서에 의하면 아브라함의 10대손 노아의 시대에 대홍수가 있어 전 세계가 물속에 잠기게 되었는데 노아는 방주를 만들어 자기의 일족과 동식물의 원종을 실어 아라라트 산에 도착하여 재출발하게 된다. 거기에는 포도 재배법과 포도주 만드는 법을 가르쳐 주었다고 한다.

또 예수 그리스도가 십자가에 못 박히기 전, 최후의 만찬에서도 포도주를 7인의 제자에게 나누어 주었다고 기록되어 있다.

사실적으로 본 술의 유래

술이 언제부터 시작되었는지는 확실히 알 수 없으나, 술과 인류의 형성을 더불어 원시시대부터 자연 발생적으로 출현되었다. 또한 글자가 생기기 훨씬 이전부터 존속되었다는 것은 은(殷) 시대의 유적에서 술 빚는 항아리가 발견된 사실로도 충분히 증명된다. 고서 중에 술의 유래와 역사에 대해 기술된 것이 있으나 전설적, 신화적인 내용이 많으며 그 진위 판단은 어려우나 사실적으로 기술한 내용도 있다.

원숭이 술

보름달 아래 원숭이들이 바위나 나무 둥치가 오목한 곳에 잘 익은 산포도나 머루를 달 밝은 보름달에 넣어두고, 다음 달 달 밝은 보름달에 찾아와서 술을 마신다는 이야기는 여러 나라에 있다. 이와 같은 술은 자연적으로 빚어진 천연주라 하겠다.

일본의 시미즈 세이이찌(세이이치)란 사람이 젊어서 입산수도 하여 오랫동안 야생 생활을 하는 중에 원숭이들과 사귀게 되었는데 그들은 술을 담가 먹는다는 놀라운 사실을 발견하게 되었다. 이 술은 산속에서 흔히 발견할 수 있는 도토리와 머루를 이용하여 만든 도토리 술과 머루 술이었다. 특히 놀라운 사실은 도토리는 씹어서 담그고 머루는 그냥 담근다는 것이었다. 원숭이들도 술을 만들기 위해서는 입속의 효소를 이용하여 당화 발효시켜야 한다는 것,

그리고 머루는 자체 당으로 자체 효모에 의해 발효된다는 사실을 깨달을 만한 지혜를 가지고 있었다.

과일주

사냥과 채집으로 생활하던 시대에도 과일주가 있었다. 과일은 조금만 상처가 나도 과즙이 새어 나오고 이 과즙들이 모여 천연발효가 이루어져 쉽게 술이 된다.

간혹 아프리카의 탐험기에서는, 코끼리가 나무뿌리 밑에서 이 과즙 술을 주워 먹고 휘청거리며 달아나고 멧돼지가 술에 취하여 아무 데나 몸을 부딪치는 내용을 찾아볼 수 있다. 특히 유럽에서 포도주가 크게 발전되어 왔는데 포도는 자체적으로 쉽게 술이 되는 성질이 있어 기원전 6,000년 전부터 포도주를 빚었던 흔적이 발견된다.

벌꿀주

벌꿀은 물만 타면 쉽게 발효되는 과당과 포도당으로 이루어져 있는데, 우연히 자연적으로 채취한 꿀을 물에 타서 마시고 그대로 두었더니 어느새 발효되어 술이 되는 것을 발견하여 벌꿀 술이 등장하였을 것이다.

스칸디나비아에서는 신혼부부가 한 달 동안 벌꿀 술이 마시는 풍속이 있는데 여기에서 허니문(honey moon)이 유래됐다.

유주 乳酒

유목 민족은 마유(馬乳)를 저어서 그대로 며칠 두었다가 걸러서 마시는데 그들은 마유주를 음료수처럼 쉽게 만들어 마셨으며 벌꿀과 섞어 놓아 자연적으로 도수 높은 술을 만들기도 하였다.

미인주 美人酒

앞에서 알아본 바와 같이, 인류는 자연 발생적으로 원시적인 술을 얻어 음용하기 시작하였으며 이러한 경험을 토대로 농경 시대에 들어서면서는 곡물주는 빚는 방법을 터득하기 시작하였다.

「위서(魏書)」 읍루국전에 의하면 '곡식을 씹어서 술을 빚는데 이것을 마시면 능히 취한다'고 하였다. 능히 취할 수 있다는 표현으로 미루어 주도는 그리 높지 않았을 것이다. 이러한 술을 『지봉유설(芝峰類說)』에서는 처녀들이 만들었다 하여 '미인주'라 기록하고 있다.

곡식을 씹어서 술을 빚는 모습은 우리나라뿐 아니라 중국, 유구국(琉球國, 지금의 일본 오키나와)에서도 찾아볼 수 있는데 처녀들이 모여서 사탕수수 줄기로 이를 닦고 바닷물로 입속을 가셔 내고는 쌀을 씹어서 술을 빚었던 것이다.

미인주는 가장 원시적인 곡물주로 조상의 제사에 쓰이며 지금도 일부 부족들이 만들고 있다고 한다. 그 후 누룩이나 맥아를 이용하여 당화 발효시켜 술을 빚는 방법을 아시아 문화권에서 차차 발전하게 되었다.

우리 술의 역사

고대의 술

고대 누룩에 관한 기록은, 중국의 영향을 받아 누룩 제조법이 상세히 기록된 최초의 서적인 『제민요술(齊民要術)』에서 볼 수 있다. 이는 6세기경 북양태수였던 가사협(賈思勰)이 지은 농서이다. 『제민요술』에서는 누룩을 떡처럼 성형된 병국(餠麴)과 흩임누룩인 산국(散麴)으로 나누었다.

병국은 밀을 빻아서 물을 약간 뿌린 뒤 뭉쳐서 만든 막누룩을 말한다. 여기에서 분국은 볶은 밀을 가루 낸 것인데 신국(神麴) 발효력의 반밖에 되지 않는다. 신국은 볶은 밀, 찐 밀, 생밀을 가루 내어 각각 같은 양을 섞어 쓴다. 신국에는 반드시 생밀이 들어가 누룩곰팡이가 쉽게 번식하나 오염되기 쉬워 만들기가 까다롭다. 곰팡이 균사를 공급하기 위해 도꼬마리, 보릿짚, 뽕나무잎을 누룩에 덮었고 물 대신 뽕나무잎, 쑥 등을 달인 즙으로 반죽하기도 했다.

산국은 곡물 낱알이나 곡분으로 만든 것으로 성형하지 않고 흩어져 있는 누룩을 말한다. 산국은 다시 황의(黃衣)와 황증(黃蒸)으로 나뉘는데, 황의는 밀알을 침지한 뒤 꺼내서 두 치 두께로 펴놓고 물억새나 도꼬마리(혹은 독고마리) 같은 식물의 잎으로 덮은 다음 7일이 지나 포자가 노랗게 덮이면 꺼내서 햇볕에 말려 쓴다. 황증은 거칠게 빻은 밀가루를 쪄서 식히고 손으로 덩어리를 부수어 띄우는데 7일 정도 걸린다. 오늘날 중국과 우리나라에서도 흩임누룩 방식을 많이 사용한다. 『제민요술』은 농업 분야를 다룬 방대한 저술로 중국과 우리나라 삼국시대의 술 제조법에 많은 영향을 주었다.

삼국시대

삼한 시대에는 곡주를 바탕으로 술을 빚었는데 누룩을 사용한 흔적을 『제왕운기』에서 엿볼 수 있다. 가장 오래된 술에 대한 기록은 고구려 건국신화에 등장한다.

『고삼국사』에 천제의 아들 해모수가 하백의 딸 유화를 술에 취하게 하여 결혼하여 난 아이가 고구려 건국신화의 주인공 주몽이라고 기록하고 있다.

삼한 시대에는 동맹, 영고 등 제천 행사에서 밤낮으로 '술을 마시고 춤을 춘다'고 기록된 것으로 보아 술을 마시는 것이 일상화되었음을 알 수 있다.

앞서 말했듯 삼국시대에 들어서는 백제사람 수수보리가 일본으로 건너가 좋은 술 빚는 법을 전하였다고 일본『고사기 (古事記)』「응신천황 편」(270~312)에 기록되어 있다. 이로 하여금 쌀농사가 발달한 의자왕(641~660)시대에 술을 많이 빚은 것으로 보인다.

또한 당나라 시인 이상은(李商隱)이 "일잔 신라주준 신공역소

경주 포석정지(慶州鮑石亭址) ▶
'문화재청'에서 '1963년' 작성하여
공공누리 제 1유형으로 개방한
'경주 포석정지(작성자 : 경주시)'를
이용하였습니다.

(一盞 新羅酒浚晨恐易銷): 한 잔의 신라주의 취기가 새벽바람에 사라질까 두렵구나"라고 읊은 것을 보면 신라의 술 빚기 기술이 발달했던 것 같다. 신라의 술은 중국 당나라까지 그 명성이 높았다.

고려 시대

곡주 양조법이 정립된 고려 시대에는 탁주와 약주의 종류도 다양해졌다.

송나라 때 사신 서긍(徐兢)이 지은 『선화봉사고려도경(宣和奉使高麗圖經)』에는 고려의 풍속이 상세히 기록되어 있는데, "고려에는 찹쌀이 없어서 멥쌀과 누룩으로 술을 빚는다. 그 색깔이 짙고 맛이 독하여 쉽게 취하고 쉽게 깬다(高麗國無糯米而秔合麵而成酒色重味烈易醉易速醒)"라고 고려 시대 술에 관해 쓰여 있다.

"왕이 마시는 술은 양온서(良醞署)에서 다스리는데 청주와 법주 두 가지가 있어서 질항아리에 넣어 명주로 봉해서 저장해둔다 (王之所飮日良醞左庫淸法酒 亦有二品貯瓦尊而黃絹封之)"라고 하였다.

종묘 제사에 쓰거나 의식용으로 쓰임새를 두어 고려 시대에 나뉘었을 것으로 본다.

충렬왕 3년(1277)에 원나라의 침공으로 소주가 전파되고 몽골군은 소주를 차고 다니며 보급했다. 게다가 충렬왕의 비 제국공주(齊國公主)가 고려 궁중으로 들어와 잔치를 베풀 때, 양의 젖을 발효한 양주(洋酒)와 말의 젖을 발효한 마유주(馬乳酒)를 만듦으

▲ 소주고리

로써 고려에 알려지고 고려 일부에서도 이를 음용했음을 알 수 있다.

그러면서 안동소주나 개성 소주가 유래 되었다. 소주 류에는 1차 증류주인 소주, 2차 증류주인 감홍로(甘紅露) 등이 있다.

고려 말, 옆 원나라로부터 전해진 아라비아의 증류 술은 한국 술 문화에 큰 변화를 가져왔다. 증류 기술을 이용하여 소주를 내리기 시작하였으며 고려 후기에 현재의 탁주와 약주, 소주의 세 가지 형태를 주종이 완성된 것으로 보인다.

조선 시대

조선 시대는 술 문화가 화려하게 꽃피던 시기로 다양한 재료를 활용하여 집집마다 술을 빚는 문화가 형성되었다.

통과의례인 사례와 각종 세시풍속에 술을 곁들여 예를 차렸다. 이른바 '술로 예를 이룬다(酒以成禮)'라는 것이다. 세종 때 시작하여 성종 때 편찬된 『종국조오례』에는 각종 의례에서 술을 사용하는 방법이 자주 나온다.

효종 때 간행된 『농가집성(農家集成)』「사시찬요초」에 따르면 누룩은 삼복에 보리 10되, 밀가루 2되로 만들었다. 녹두즙에 여뀌

▲ 신윤복의 〈주사거배酒肆擧盃〉(간송미술관 소장)(좌) 김홍도의 〈무동舞童〉(우)

와 함께 반죽한 뒤 밟아서 떡처럼 만들어 연잎, 도꼬마리잎으로 싸서 바람이 잘 통하는 곳에 걸어놓고 말렸다. 반죽을 단단히 하고 강하게 밟아야만 좋은 누룩이 된다고 하였는데 이렇게 만든 것이 막누룩이다.

장 씨 부인의 『음식디미방』(1680년경)에서는 "누룩은 밀기울 5되에 물 1되씩을 섞어 꽉꽉 밟아 디디고 비 오는 날이면 더운물로 디딘다. 시기는 6월과 7월 초순이 좋으며, 이 시기는 더울 때이므로 마루방에 두 두레씩 매달아 자주 뒤적거리고 썩을 우려가 있을 때는 한두 차례씩 바람벽에 세운다. 날씨가 서늘하면 고석(짚방석)을 깔고, 서너 두레씩 늘어놓고 위에 또 고석을 덮어 놓고 썩지 않게 자주 골고루 뒤집어가며 띄운다. 거의 다 뜬 것은 하루쯤 볕에 쬐어 다시 거두어 더 뜨게 한다. 이것을 여러 날을 두고 밤낮으로 이슬을 맞히는데 비를 맞추지는 않는다"라고 하였다. 이렇게 만든 것도 막누룩이다.

탁주, 약주, 소주를 비롯하여 혼양주와 혼성주 등 다양한 재료를 쓰거나 독특한 양조 방식의 술들이 빚어졌다.

일제강점기

① 일제, 주조업 재편 정책을 펴다

1909년, 양조 시험소가 경성(지금의 서울)에 세워졌다. 이후 1923년 일제는 시험소를 재무국에 이관하고 세무과 분실 주류 시험실을 설치하여 술의 분석시험·발효 균주의 연구·양조업 종사자 교육에 관하여 연구했다.

양조 시험소에서는 각 주류의 제조 시험과 같은 연구가 행해졌으나, 주조장 개별 지도에 있어서는 지역이 광범위하여 효과가 없어 각 도에 주조 기술관을 임명했다. 또한, 지역 단위로 주조 단체를 결성하고 조선술(酒)의 경우 제조장의 병합 합동이 이루어지면서 1918년 평양의 소주업자가 조선주조 조합을 설치한 것을 시초로 1928년에는 127개 조합이 있었다.

제조장의 규모를 확대하고 주조업 공업화를 위해 1916년 주세령을 개정하면서 소규모의 주조장을 통폐합하는 정책이 발표됐다. 이는 허가된 주류 제조는 금지하고 조선술(酒)에 한해 제조량 제한하였다.

그리고 높은 세율과 신규 면허 제조의 억제 정책으로 자가용 주조자들은 차츰 자취를 감추어가다, 전통주는 사라지고 밀주로 전락했다. 때문에 전통주인 조선술(酒)들은 면허 정책으로 억제되고, 일본인 주조업자의 주정으로 희석되어 만든 소주가 성행되었다.

② 조선 민중들의 반발—밀주를 빚다

조선 민중의 저항은 자가 양조가 제한되고 고율의 과세를 부과한 1916년 이후부터 이루어졌다.

면허를 받지 않고 몰래 양조하는 밀조 형식으로 진행되었는데 특히 탁주 제조에서 주로 행해졌다. 때문에, 총독부는 이러한 밀주를 방지하기 위해 밀주에 고액의 벌금을 책정하는 주세법을 제정했지만 전통 관습은 쉽사리 꺾지 못했다.

1920년 후반, 불황이 닥치고 1927년 개정된 주세법에서 주세가 인상되면서 1930년대 초반부터 1940년대까지 밀주는 꾸준히 증가했다.

해방 이후 현재

1945년 해방과 미군정의 혼란기를 거쳐 1948년 대한민국 정부 수립과 함께 새로운 주세법이 만들어지지만, 일제강점기 시대 법령과 큰 차이가 없었다. 양곡관리 정책으로 1960년부터 소주 제조에 쌀 사용이 금지되고 뒤이어 탁주와 약주 제조에도 쌀 사용금지가 적용되면서 전통주는 침체기를 맞이한다. 다행히 막걸리는 밀 막걸리로 전성기를 이어가지만 약주와 증류식 소주를 제조하는 양조장은 고사되고 만다.

1970년대 중반 이후 쌀 자급이 실현됨과 동시에 1980년대 이후 경제개발로 전통문화의 정체성에 대한 인식이 고조되면서 전통주의 식·문화적 가치를 인식하기 시작했다.

이러한 제도적 개선과 함께 포장재 개선, 저온살균 기술과 탄산가스 주입 기술 등의 적용으로 다양한 상품이 소개되면서 탁주와 약주가 하나의 브랜드로 정착하게 되었다.

1980년대에 들어서 경제 성장과 외국문물의 도입과 함께 술 수입시장도 개방되면서 막걸리 시장마저 맥주 시장에 주도권을 넘겨주게 된다.

1980년대 후반에 시작된 전통주 육성정책과 더불어 1990년대에 쌀 사용 허용 및 제조면허의 개방, 자도주 지역제 폐지, 가양주 제조의 허용 등의 법률적 규제 완화가 이뤄지면서 전통주가 부활했다. 이와 같이 우리 농산물을 기반으로 하는 전통주와 특산주 시장이 형성됐다.

우리 술의 기원

우리나라 문헌으로 술 이야기가 『삼국지(三國志)』위지동 이전에 최초로 등장하는데, 『제왕운기(帝王韻紀)』의 동명성왕 건국담에 술에 얽힌 이야기가 『고삼국사(古三國史)』에서 다음과 같이 인용되어 있다.

하백의 세 딸 유화, 선화, 위화가 더위를 피해 청하(지금의 압록강)의 웅심연에서 놀고 있었다. 이때 천제(天帝)의 아들 해모수가 신하의 말을 듣고 새로 웅장한 궁실을 지어 그들을 초청하였는데, 초대에 응한 세 처녀가 술대접을 받고 만취한 후 돌아가려 하자 해모수가 앞을 가로막고 하소연하였으나 세 처녀는 달아났다. 그중 유화가 해모수에게 잡혀 궁전에서 잠을 자게 되었는데 정이 들고 말았다. 그 뒤 주몽을 낳으니, 이 사람이 동명성왕(東明聖王)으로 후일 고구려를 세웠다.

또 고대 삼한 시대 영고(迎鼓), 동맹(東盟)에 주야 먹고 마시고 놀았다는 글이 있는데 『삼국지』 부여전에는 '정월에 하늘에 제사 지내는 큰 행사가 있었으니, 이때에는 여러 사람이 모여서 술을 마시고 먹고 노래 부르고 춤추었으며 이름을 영고(迎鼓)라 하였다'라고 전한다. 『삼국지』 한전(韓傳)에는 '마한에서는 5월에 씨앗을 뿌리고는 큰 모임이 있어 춤과 노래와 술로써 즐기었고, 10월에 추수를 끝내면 역시 이러한 모임이 있었다'라고 기록되어 있다.

또한, 『삼국지』 고구려전에는 '고구려에서도 역시 10월에 하늘에 제사 지내는 행사가 있어 동맹(東盟)이라고 하였다'라고 한다. 이로 미루어 보아 농사를 시작하였을 때부터 술을 빚어 마셨으며 모든 의례에서 술이 이용된 것을 알 수 있다.

이러한 우리나라 고대의 술들이 어떠한 종류의 것이었는지 알기는 어려우나 막걸리와 비슷한 것이 아니었나 짐작된다. 우리나라에서도 부족 국가의 형성이 이루어졌던 상고시대에 이미 농업의 기틀이 마련되었으므로 건국담에 나오는 술의 재료도 곡류였을 것이 분명하고, 따라서 곡주(穀酒)였을 것이라 믿어진다.

이태백의 술사랑

당나라 때의 시인 이태백(서기 701~762)은 술을 좋아한 시인으로 유명하여 후에 주선(酒仙)으로 불리고 있다.

우리나라에서도 '달아 달아 밝은 달아 이태백이 노던 달아…'라는 민요는 아이들에게도 까지도 친숙한 민요이다.

이 민요는 이태백이 물에 비친 달을 손으로 건지려다 빠져 죽었다는 전설적 소사에서 유래됐는데 이는 이태백의 시에서 "술잔을 들고 달에게 묻는다."라는 파월문월(把月問月)의 시적 감흥과 상통한다.

이태백의 파월문월 시는 다음과 같다.

"저 하늘 달님은 언제부터 있었는가
술잔을 들고 달에게 묻는다
사람은 저 밝은 달에 오를 수 없건만
달은 사람 가는 대로 따라오네

(중략)

흐르는 물과 같이 옛사람은 사라졌지만
함께 보는 달은 변함 없다네
오직 바라건대 노래하면 술을 들 때
언제나 그 잔 속에 달빛이 담겨지기를"

술잔을 기울이며 아름답고 신비로운 달을 바라보며 자연과 인간에 대한 성찰과 영탄을 노래한 높은 경지의 시로, 달을 손으로 잡으려 물속에 빠져 죽었다는 낭만적인 전설은 진위를 떠나 그가 얼마나 술을 멋있게 즐겼는가를 말해준다.

또 이태백보다 11세 연하인 당대의 시인 두보는 같은 시대의 대시인이며 술의 시인으로 후에 시성(詩聖), 주성(酒聖)으로 불리었다.

두보가 조정에서 일을 마치고 집으로 돌아갈 때 만가 곡강의 주막에 들러 옷을 맡기고 취하도록 술을 마셨다. 외상 술값은 날이 갈수록 늘어만 가고 가는 곳마다 술빚투성이였다.

그러나 그는 '70세까지 사는 사람은 예로부터 드물었기 때문에 이 짧은 인생의 한때나 술을 마시고 세상의 번뇌를 잊는다는 것은 또한 즐겁지 아니한가'라는 자신의 인생관을 "인생 칠십고래희(人生七十古來稀)"라 하여 표현하기도 했다.

비록 외상 술값이 도처에 깔려 있더라도 술을 마시며 여유 있게 살자는 구절이다. 이 시의 마지막 구절에 있는 "옛 고(古)"자와 "드물 희(稀)"자만 빼서 후에 사람 나이 칠순을 고희(古稀)라 하고 칠순 잔치를 고희연이라 하는데 이는 두보의 인생 칠십고래희에서 연류되었다.

중국의 유명주

중국 술은 대략 4,500여 종에 이르며 크게 백주, 황주, 과일주, 노주, 맥주, 약주 등으로 구분된다. 중국에서는 청주와 유사한 소홍주가 유명하지만 가장 대표적인 술은 백주와 황주다. 고량주로 부르는 백주는 고량, 조, 수수 등의 원료를 누룩으로 발효시킨 후 증류한 술이다. 알코올 농도가 50~60%인 백주는 날씨가 추운 북방에

서 많이 마신다. 고량주는 술의 주원료인 고량을 말하며, 배 같은 백주를 뜻하는 백건아(白乾兒)의 중국식 발음이다. 곡류 발효주인 황주는 찹쌀이나 수수 등을 원료로 누룩을 띄워 발효시켜 지게미를 걸러 내는 술이다. 주로 따뜻한 남방에서 즐겨 마신다. 대표적인 중국 술에는 다음과 같은 것들이 있다.

죽엽청주(竹葉靑酒)는 분주(汾酒)에 열 가지 한약재를 넣어 담근 술이다. 약재가 우러나 황록색을 띠며, 분주 맛은 옅어지고 약재의 향이 감돈다. 공산정권을 수립할 당시 양조 명인들이 대만으로 대거 이주함으로써 중국 본토산보다 대만산을 더 높게 친다.

마오타이주(茅臺酒)는 백주 중에 가장 많이 알려진 술이다. 주은래가 이 술의 품질 관리에 많은 관심을 가졌고, 북한의 김일성이 응접실에 비치했다는 명주다. 무려 8차례의 반복 증류와 3년의 저장을 거쳐 출고된다. 스카치위스키, 코냑과 함께 세계 3대 명주로 꼽힌다.

오량액(五糧液)의 역사는 당대(唐代)까지 거슬러 올라가는데 사천성 의빈시에서 생산되는 것을 최고로 친다. 술이 매우 투명하고 향기가 오래간다. 65%의 알코올 함량에도 불구하고 맛이 부드러

우며 감미롭다. 진품 오량액은 병뚜껑에 봉인한 종이에 새겨진 국화 문양으로 알아본다.

백년고독(百年孤独)은 현재 중국 술이 되어 버린 술이다. 이름만큼이나 깊고 그윽한 맛 덕분에 다양한 계층의 기호를 만족시켜 폭넓은 인기를 누리고 있다. 알코올 농도 38%의 비교적 순한 백주다.

장수장락주(長壽長樂酒)는 등소평이 애용하던 귀주성의 보약주다. 녹용, 동충하초, 대항정 등이 주요 성분이며 비타민이 다량 함유되었고 약리 실험을 걸쳐 독성과 부작용이 없는 것이 증명된 보주다.

주귀주(酒鬼酒)는 1970년대 중국 호남성 마왕퇴에서 2,000여 년 전 한나라 옛 무덤을 발굴하면서 세상에 알려진 술이다. 당시 1,000여 점의 진기한 유물과 함께 출토된 고대 술의 양조 처방에 따라 현대인들이 탄생시킨 술로 몸을 보양하는 중구의 전통 명주다.

소흥가반주(紹興加飯酒)는 중국에서도 술 생산지로 유명한 절강성 소흥현의 지명을 따라 명명된 술로 8대 명주 가운데 하나다. 황색 또는 암홍색의 황주로 4,000년 역사를 자랑한다. 오래

숙성할수록 향기가 좋으며 알코올 농도가 14~16%로 낮은 술이
다.

수많은 술이 있지만 중국의 대표적인 국민주는 역시 고량주다.
고량주는 잘게 분쇄한 수수를 증자하고 누룩과 섞어 소량의 물을
넣어 반고형 상태로 만든다. 이를 반 지하에 설치된 발효조에 담근
후 그 위에 왕겨와 진흙으로 밀봉하여 외부와의 공기를 차단한 후
9~12일간 발효시켜 증류한다.

이것은 일반적인 방법이지만 발효조 대신 조리를 파서 자연 지
하조를 이용하기도 하고 굴을 이용하기도 하는 등 지역에 따라 다
소 차이가 있다.

일본 술 기원에 관한 전설

새에 얽힌 전설

일본의 천지천황(덴지 천황) 때 국부토군에 사는 죽유(竹臾)라는 사
람이 대나무를 많이 가꾸었다.

어느 날 대를 벤 그루터기에서 이상한 향기가 나서 자세히 살
펴보니 새들이 쌀을 물어다가 그곳에 넣었는데 그 쌀이 발효되어
술이 된 것이었다. 이것이 술의 시초라고 전해진다.

미잔오존의 전설

일본의 《대화사시(大和事時)》에 의하면 신화시대의 인물인 미잔오존(未蓋嗚尊)이 신라국으로 가서 술 빚는 방법을 배워 왔으며, 이곳은 춘성군 신북면(지금의 춘천시)에 있는 우두리(지금의 우두동)였다는 설이 있다.

목화소비매의 전설

『고사기』(712년에 쓰인 책으로 우리나라 왕조실록과 같은 책)에 목화소비매가 쌀을 입으로 씹어서 술을 만들었다는 기록이 있는데 이것은 최초의 원시적인 술 빚는 방법이다.

이 방법은 대만의 동서안 비남사의 마을에도 있었다고 전해지는데, 크고 평평한 항아리에 4~5명의 소녀가 모여 살짝 찐쌀을 세 손가락으로 집어 잠시 입속에 넣었다 토해내면 하루 반에 지나 감주가 된다. 이것을 바로 마시기도 하고 그대로 두어 술맛이 익으면 마시기도 한다. 이 술은 제주로 쓰였으며 별도의 곡주가 있었다고 전한다.

수수보리의 전설

지금도 일본에서 주신(主神)으로 모시는 백제인 수수보리(수수고리, 須須許理)가 일본으로 건너가 술 빚는 법을 가르친 것이 술의 시초로 보이며 이는 전설이 아닌 실제 역사 기록으로 보인다.

『고사기』의 중권 「응신천황」 편을 살펴보면, 베 짜는 기술자인 궁월군(弓月君)의 증손인 수수보리란 기술자가 일본에 가서 술을 빚어 응신천황에게 바쳤더니 왕이 술을 마시고 기분이 좋아 다음과 같은 노래를 불렀다고 한다.

수수보리가 빚은 술에
나도야 취했노라
태평술 즐거운 술에
나도야 취했도다

오사카에서 차로 40분 거리의 츠츠키현에 있는 사가신사에 '술의 신'이 모셔져 있는데, 이가 바로 백제에서 건너온 수수보리이다. 사가신사의 기록에 의하면 『고사기』의 수수보리는, 조선식으로 읽으면 '수수거리'라고 기술되었다.

원래의 신사는 화재로 없어져 재건축하였고, 현재 지방문화재로 지정되어 두 개의 독립된 건물과 깨끗한 샘터로 꾸며져 있다.
양조장에서는 새 술이 나오면 사가신사에서 주림(酒林)을 받아 양조장 입구에 다는 전통 풍속이 있는데, 이는 우리나라에서 용수에 주막이라 써서 입구에 달아놓았던 간판 풍속과 비슷하다.

사카바야시 酒林

일본의 양조장 추녀에는 나무로 만든 농구공같이 생긴 물건이 달려 있다. 이것을 '사카바야시'라고 한다. 옛날에는 삼나무 가지를 꺾어 달았는데, 요즘에는 대나무로 공같이 만든 다음 삼나무 가지를 꽂아 걸어놓는다.

매년 11월, 새로운 술이 나오면 사카바야시를 새것으로 교체했고, 새로 나온 술이 싸기 때문에 이를 걸어두면 사람들이 몰려들곤 했다.

술 빚는 도구와 용어

고대의 주기

삼국시대 토기의 특색

① 고구려 토기 유물은 매우 적고, 중국 한나라 계통의 회색, 흑회색의 평저 항아리가 주류를 이룬다.

② 백제의 토기는 멍석 무늬가 많고 세 발 달린 그릇이 특색으로 신라의 고배(高杯)와 상대가 되며, 평저 토기가 많다.

③ 신라의 토기는 회청색, 경질 토기가 많다. 높은 온도에서 구워졌기에 흡수성이 거의 없고 표면에 유약을 바르지 않았으나 재가 떨어져 저절로 유약 구실을 하였다.

④ 통일신라의 토기는 질적으로 신라 시대와 큰 차이는 없으나 그릇의 형태나 무늬가 많이 변화되었다. 이때부터 그릇 표면에 유약을 바르기 시작했다.

고대의 주기(주기) 용어와 사진

- 토기: 유약을 바르지 않고 700~800℃에서 구운 것
- 도질토기: 1,100℃ 이상으로 구운 것
- 도기: 유약을 바르고 1,350℃ 이상으로 구운 것
- 호: 액체 음식의 저장에 쓰이는 것
- 부: 배가 크고 입이 작은 것

토기배

토기잔

장두항아리

철제주전자

이형토기잔

빗살무늬토기 항아리

기마형 토기잔

전통주 비법과 명인의 술

고대의 주기들

시루

누룩틀

소주고리

술의 도구

빚는 도구

① 누룩틀

누룩의 형태를 만드는 기구를 말한다. 지방에 따라 크기와 형태가 다르다. 원형과 정방형의 틀로 발로 밟으며 작업할 때 부서지지 않도록 튼튼히 만들어졌다.
일반 농가에서는 쳇바퀴나 밥그릇을 누룩틀 대용으로 하여 형을 만들어 누룩을 빚었다.

② 시루

고두밥이나 흰무리떡을 찌는 데 이용된다. 밑에 구멍이 여러 개 있어 솥에 올려놓으면 수증기가 구멍으로 올라와 골고루 퍼져 재료를 익힌다.

③ 소주고리

다 된 술을 솥 안에 넣고 증류할 수있는 장치를 말한다. 발효주를 주도가 높은 증류식 소주로 만드는데 필요하다. 흙으로 만든 토고리, 구리로 만든 동고리가 있으며 지금은 스테인리스 재질로도 만든다.

④ 용수

술을 거르는 용기로, 다 익은 술을 맑은 술로 거를 때 술독 안에 넣어 두고 오랜 시간이 지나면 맑고 투명한 술이 그 안에 고이게 된다. 주로 대나무로 만들며 30㎝에서 1m 정도의 높이가 보통이다.

⑤ 맷돌

곡식을 빻아서 가루를 내는 돌로 만든 기구

⑥ 술체

이물질을 고르는 데 쓰이는 도구로, 형태는 원형의 넓은 나무 테에 쳇불로 바닥을 만든 것이다. 쳇불의 크기에 따라 얼레미, 도르미, 중거리, 가르체, 고운체(깁채) 등으로 나눈다. 술체는 일반 체와 달리 쳇바퀴의 높이가 높고 쳇불도 명주나 삼베 등 고운 재질을 사용한다.

⑦ 체다리

체를 받쳐주는 나무 받침대로 삼발이라고도 한다.

⑧ 쳇도리

술이나 장, 기름, 가루 등의 식품을 주둥이가 좁은 그릇에 옮기는 데 쓰이는 도구. 깔때기 또는 누두(漏斗)라고도 한다.

⑨ 체판

체를 받치도록 오목하고 넓게 파서 만든 얇은 판으로, 주둥이가 좁은 단지나 항아리 위에 얹어 술을 바로 담을 수 있게 만들었다.

⑩ 절구

곡물을 부수는 데 쓰는 기구

⑪ 쌍절구

여러 곡물을 부수는 데 쓰는 기구로 두 개의 절구가 붙은 형태다.

⑫ 함지박

그릇을 담아 두거나 음식을 담아 이동할 때 쓰는 큰 바가지같이 만든 다용도 그릇

⑬ 함지박

안쪽으로 여러 줄로 고랑이 지게 들려 파서 만든 함지박. 쌀 따위를 씻을 때에 돌과 모래를 가라앉게 한다.

⑭ 코사발

코가 있는 사발로 액체를 따라서 다른 용기에 옮길 때 편리한 옹기그릇

⑮ 바가지

곡물이나 물, 장, 술 등을 내거나 넣을 때 사용하는 기구

⑯ 자배기

둥글넓적하고 아가리가 크며, 비교적 운두가 높고 깊이가 있는 오지그릇으로 손잡이가 있다. 쌀을 씻거나 채소 등을 담아 두기에 적합하다.

⑰ 말과 되

곡식의 양을 헤아리는 기구

⑱ 손저울

휴대하면서 무게를 잴 수 있는 기구

⑲ 입국상자

황곡, 백곡, 흑곡 등의 당화균을 번식시키기 위해 온도관리를 할 수 있도록 고안한 상자

⑳ 목바가지

통나무를 파서 만든 다용도 바가지

㉑ 약절구

마른 약재를 가루로 찧는 기구

㉒ 술거르개

주박(酒粕)과 탁한 술을 맑게 거르는 큰 용기의 거르개. 처음에는 자체 무게로 맑게 걸러져 나오지만 차츰 상부에 무게를 얹어 맑게 하고 마지막으로 주머니에 넣어 맑게 거른다.

㉓ 목통

나무로 짜서 만든 작업용 용기

㉔ 단식증류기

끓는점의 차이를 이용하여 혼합 액체를 증류시켜 순수한 성분을 얻는 장치

저장 용기

① 술독

술을 빚어 담는 저장 그릇. 형태는 입이 크고 운두가 있으며, 고른 온도로 발효되도록 배가 부른 것이 좋다.

② 술춘

햇빛 차단이 잘 되고 산화와 갈변을 방지하면서 술을 숙성시킬 목적으로 쓰이는 독. 입구가 아주 작다.

③ 장군독

술이나 액체를 지게에 지고 이동하기 편리하게 만들어진 옹기

④ 술통

햇빛을 차단해 술을 저장하는 옹기로
옹기, 사기, 나무 등으로 만든다.

⑤ 목술통

술을 담아 숙성시킬 때 쓰는 오크통

⑥ 냉각 항아리

여름에 액체를 담아 보관하는 이중
으로 된 용기. 겉에 시원한 물을 채워
속에 든 음식물이 쉽게 상하지 않게
한다.

⑦ 표주박

술이나 액체를 담아 차고 다니면서
마실 수 있는 용기

⑧ 주병

술을 담기 위해 사기로 만든 용기

⑨ 장군형 주병

차고 다니면서 마실 수 있도록 옹기
로 만든 소형 용기

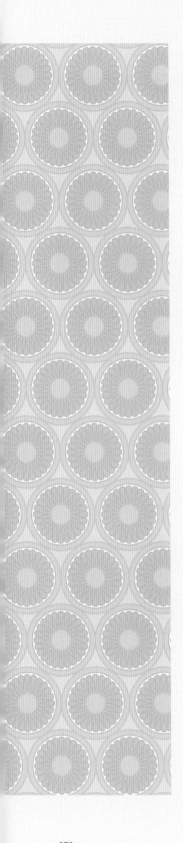

주기와 소품

① 각배

짐승의 뿔로 만든 굽이 없는 술잔으로 흙으로 뿔 모양으로 빚은 토기 각배도 있다.

② 마상배

굽이 없어 땅에 놓을 수 없는 술잔으로 출정하는 장수가 말 위에서 이 술잔으로 술을 마신 후 전쟁터로 나가는 의식용 잔이다. 무관용 잔과 문관용 잔의 무늬가 다르다.

③ 계영배

"욕심을 경계하고 정도를 지키며, 과음하지 말라"는 의미에서 만들어진 술잔. 역사소설 《상도》에도 등장하는 묘한 술잔으로 도공 우명옥 씨가 만든 기록이 있다. 이 술잔에 술을 7할 이상 따르면 술이 전부 없어진다.

④ 떡메

사람의 힘으로 떡을 칠 때 쓰는 용구

⑤ 떡살

떡에 무늬를 넣을 때 쓰이는 용구

⑥ 국수틀

국수를 만들 때나 기름을 짤 때 쓰는
수동 압착기

⑦ 삼중 찬장

나무로 만들어 통풍을 유도했던 옛날
방식의 찬장

⑧ 화로와 인두

숯불을 담아 방안에서 쓰는 난방용품

⑨ 풀무

불을 피울 때 바람을 일으키는 기구

⑩ 함

옛날 밥그릇

양조 기법

우리 술의 특징

우리 술의 전통적인 양조 특성은 중국, 일본과 같이 누룩곰팡이의
번식에서 오는 당화 효소를 이용하여 전분 원료를 당화 시킨 후 효
모에 의해 발효시키는 발효법을 하고 있다. 반면 서양은 동양과 달
리 엿기름 싹에서 나오는 효소를 이용해 물리적 방법으로 당화 시
킨 후 효모에 의한 발효를 유도하는 양조 기법 차이가 있다. 크게
나눠 생각하면 서양은 향을 위주로 동양은 맛을 위주로 발전되는
양조 역사를 볼 수 있다.

그리하여 우리나라는 다양한 전분 원료와 다양한 누룩곰팡이
를 사용하여 다양한 양조 기법이 탄생 되었다.

모주 만들기

몸에 좋은 약재를 탁주에 넣고 달여 건강을 증진 시켜주는 모주(母
酒). 광해군 시절 『대동야승』에 의하면 인목대비의 어머니 노 씨
부인이 술지게미를 재탕한 막걸리를 '대비모주'라고 부르다가 현
재의 '모주'가 되었다. 도수가 약하고 데워서 따뜻하고 부드럽게 마
시는 술이다.

탁주를 서서히 가열해서 끓여준다. 여기에 일반적으로 생강, 대
추, 흑설탕, 계피 등을 넣어 알코올 분이 거의 없어지는 용량의 절

반 정도 줄어들 때 계핏가루를 가감하여 개성에 맞게 넣어 모주의 특성을 살린다. 알코올 도수 2% 내외이며 술을 못 마시는 사람도 마실 수 있으며 피로 회복에 좋다. 첨가물로는 감초, 인삼, 헛개나무, 지게미 등을 추가하여도 좋다.

• 모주 배합량

탁주 1리터	대 추	120g
	흑설탕	120g
	생 강	240g
	계 피	240g

그 양을 가감하면서 조리하면 혈액순환과 감기 예방과 함께 면역력 강화에 도움이 된다(개성에 맞게 인삼과 꿀을 추가할 수 있다). 개인별 입맛에 맞게 넣어 먹어도 좋고 아침에 해장술로 적격이다.

탁주

① 탁주의 역사

탁주는 우리의 토속주로 도시의 서민층과 농민까지 널리 마시는 술이다. 옛부터 희다고 하여 白酒(백주), 탁하다고 하여 濁酒(탁주), 집집마다 담가 마신다고 하여 家酒(가주), 농사 때 새참 술이라 하여 農酒(농주), 제사장에 올린다고 하여 祭酒(제주), 백성이 제일 즐겨 마신다고 하여 鄕酒(향주), 나라를 대표한다고 하여 國酒(국주)라 한다.

지방 사투리로 대포, 막걸리, 모주, 왕대포, 젓내기술(발효가 끝나 처음 걸러낸 술, 논산), 탁베기(제주), 탁주베기(부산), 탁쭈(경북)라는 이름으로 불리었다.

막걸리는 탁주의 대표적인 술로 지금은 해외에서까지 잘 알려져 인기 있는 술로 자리매김한 술이다. 『조선무쌍신식요리제법』에는 "탁주는 '막걸리'라고도 하고 '탁배기'라고도 하고 '막자'라고도 하고 큰 술이라 하기도 한다"라고 정의되어 있다.

탁주는 예로부터 독특한 특징을 가진 술들이 다양하게 빚어졌다. 술을 빚을 때는 다음과 같은 점을 중요시하였으며 기술이 발달한 지금도 그 원리는 변하지 않는다.

② 탁주 제조의 핵심
- · 원료의 선택
- · 누룩을 만드는 시기
- · 청결한 환경
- · 깨끗한 물
- · 깨끗한 용기
- · 온도관리

이양주와 삼양주 만들기

이양주의 예

술의 종류에 따라 다르지만, 보편적으로 곡물과 물은 1:1, 국물과 누룩은 10:1의 비율로 한다.

밑술			덧술			합계		
쌀	물	누룩	쌀	물	누룩	쌀	물	누룩
2	6	0.8	6	2	0	8	8	0.8

삼양주의 예

보편적으로 곡물과 물의 비율은 1:1이나 물의 양이 적은 1:0.8일 경우는 단맛이 강하고 물이 양이 많은 1:1.2 경우는 쓴맛과 신맛이 강해진다.

밑술			덧술			2차 덧술			합계		
쌀	물	누룩	쌀	물	누룩	쌀	물	누룩	쌀	물	누룩
2	6	0.8	2	6	0	8	6	0	12	12	0.6

만드는 시기	춘곡, 하곡, 추곡, 동곡 ＊주로 여름에 많이 만든다 (발효 적정 온도 30~40℃)
초재 (누룩 띄울 때 이용되는 재료)	원반형, 사각형, 주먹밥형, 접시형 등
곰팡이 색에 의한 분류	백곡균, 황곡균, 흑곡균
법제	술 빚기 2~3일 전에 용도에 따라 누룩을 빻아 밤낮으로, 햇볕과 바람 이슬을 맞혀야 살균과 냄새 제거 및 표백된다. (＊반드시 꼭 필요한 과정이다)
보관	가. 바람이 잘 통하는 서늘한 곳에 보관한다. 나. 냉장 보관은 가능하다. 다. 냉동 보관은 절대 안 된다.

약주란? (소곡주 제조)

약주란?

약주(藥酒)는 탁주의 숙성이 거의 끝날 때쯤, 술독 위에 맑게 뜨는 액체 속에 싸리나 대오리로 둥글고 깊게 통같이 만든 용수를 박아 맑은 액체만 떠낸 것을 말한다.

    약주란 원래 중국에서는 약으로 쓰이는 술이라는 뜻이지만 우리나라에서는 약용주라는 뜻이 아니다. 한국에서 약주라 불리게 된 것은 조선 시대 학자 '서유구'가 좋은 술을 빚었는데 그의 호가 약봉(藥峯)이고, 그가 '약현동'에 살았다 하여 '약봉이 만든 술', '약현에서 만든 술'이라는 의미에서 약주라고 부르게 되었다고 한다.

약주 제조의 핵심 전통 약주 담기 예시: '소곡주'

① 원료
- 찰미 및 매미 중 8kg
- 누룩 2.5 kg (31.25%), 2.0 kg(25.0%)
- 급수 100L 또는 120L (120% 또는 150%)

  원료 : 급수
- 들국화 200g
- 메주콩 10g
- 고추 10개

  들국화 200g, 메주콩 10g, 고추 10개를 양파 자루에 넣는다.

▲ 용수 박은 사진

② 주의사항

 - 술독을 세제로 깨끗이 세척한다.

 - 세척 독을 태양광선에 일광 소독한다.

 - 사용기구, 포를 깨끗이 세척 후 일광 소독한다. 단, 증기살균도
   할 수 있다.

 - 수족을 깨끗이 씻고 작업에 임한다.

③ 원료처리

 - 참미나 매미를 뜬 물을 완전 제거 즉, 수세한다.

 - 깨끗한 용기에 침지한다.

 - 춘추 6시간, 하절 4시간, 동절 8시간 침지한다.

 - 물빼기: 침지 원료를 소쿠리에 건져 30분 내지 한 시간 물빼기
            한다.

 - 증강(찌기): 김이 오르기 시작 후 40분간 내지 한 시간 증강한다.

 - 냉각: 18℃에서 22℃로 냉각한다.

   춘추: 20~22℃, 하절 : 18~ 20℃, 동절 : 21~ 25℃

청주와 과실주(오미자 제조)

청주 淸酒

일반적으로 맑은 술을 청주라 한다. 1920년 전에는 가정에서 누구
나 술을 빚었는데, 약주를 빚은 후 술 가운데 용수를 넣어 거른 맑

은 술을 청주라 하여 손님 접대용으로 용수 밖 탁한 술을 탁주라 하여 농주로 또 일부는 소주를 내려 오래 두고 마셨다. 이처럼 청주, 탁주, 소주같이 제조한 가양주가 일반적이었다. 청주는 고려 시대 문헌인 『동국이상국집』, 『고려도경』에서 찾아볼 수 있으나, 일본이 이 청주 맛을 발전시켜 잔 맛이 없는 사케 청주, 고급 청주로 발전시켜 오늘에 청주 종주국이 되었다.

일본의 청주제조는 고지라는 배양균 누룩을 사용하여 입국을 만들어 대량생산을 하는 방법으로 현재 제조장에서는 이 입국법으로 술을 빚는다. 1917년 이후 우리나라에서 삼학, 대왕표청수, 백화수복청주, 보해청주, 백학의 청하라는 청주가 등장해 인기가 높았으나 지금은 소주에 인기가 밀리고 있다.

과실주

① 과실주(果實酒)란?

과실주는 일반 증류주나 희석식 소주에 포도, 복분자, 매실, 모과 따위를 침출시킨 형태의 과일주와 발효법을 이용한 양조주 형태로 나누어진다. 포도주, 복분자주, 무화과주, 딸기주 등을 꼽을 수 있다. 외국의 경우 오렌지, 치리, 사과, 멜론, 바나나 등의 재료로 하여 만들어진다. 또 발효된 과일주에 설탕과 주정을 넣어 강화한 과일주가 많이 빚어진다. 요즘에 제일 많이 제조되는 복분자주의 제조는 복분자 1,000kg에 190kg의 설탕을 넣어 발효시킨 후 여과하여 12%의 과실주 원액 880L 정도 얻어지는데, 여기서 45% 탈취 주정 838L를 넣어 16% 복분자주 3,000L를 만든다.

② 과실주 제조 핵심 가용주 담기 예시 : '오미자주'

오미자나무의 열매로 8~9월 둥근 붉은색 열매가 열리는데 오미자로 부르며 한약재로도 사용한다. 오미자 10kg을 깨끗이 씻어 물기를 빼고 파쇄하여 사용한다.

- 원료 과실액 9.5L 얻음

- 효모와 설탕 1.3 kg 넣어 발효 = 12% 9.8L

- 여과 = 20.6L 술지게미 = 12% 오미자주 7.2L 나옴

- 35% 소주 9.05L, 물 15.3L 혼합 = 13% 오미자주 32L 제성

- 과당, 물엿, 꿀 등 당료 1kg 넣어 제성하면 맛이 증가

소주의 방언과 변천사

소주燒酒란?

소주는 '불로 익혀 만든 진한 술'이란 뜻으로 '화주(火酒)', '백주(白酒)', '노주(露酒)', '한주(汗酒)' 등으로 불리기도 한다.

소주는 희석식 소주와 증류식 소주, 일반 증류주, 리큐르, 기타 주류로 더욱 세분되었다.

증류식 소주(蒸溜式 燒酎)는 곡식과 국을 원료로 하여 알코올 발효시켜 양조주를 만들어 단식증류기로 증류해 알코올 도수를 높인 증류주를 말한다.

발효 곡주를 다단식 연속증류기로 증류하여 순수하게 만든 주

정을 물에 희석한 다음 음용하기 좋게 첨가물 등을 첨가해서 만든다. 이 증류기술은 소주뿐만 아니라 위스키, 보드카, 진 등 다른 증류주에도 이용된다.

소주는 국내 문헌에 의하면 600년 전 중국 원나라 때 처음 생산되었고, 이때는 '감로', '아라키'라고 불렀다고 한다. 이 술을 만주에서는 '이얼키'라고 하고 아라비아에서는 '아라크'라고 부른다. '아라카'라는 이름은 아라비아의 아라크에서 유래한 것이다.

우리나라에서 소주는 칭기즈칸의 손자인 쿠빌라이가 일본 원정을 목적으로 한반도에 진출한 후 몽골인의 대본당이었던 개성과 전진기지가 있던 안동, 제주도 등지에서 많이 빚어지기 시작했다. 원나라가 고려와 함께 일본을 정벌할 때 안동을 병참기지로 만들면서 안동소주가 알려지게 되었으며, 안동소주는 조선 시대에 들어와 더욱 발전했다.

소주는 오랫동안 귀한 술 또는 약용술로 음용되다가 조선 시대에 와서는 약소주라는 이름으로 생산량이 많아졌다. 1965년 정부 양곡 정책에 의해 쌀로 술 빚는 것이 금지되었다. 1990년 면허가 개방되어 전통 소주가 출현하게 되었다.

우리 고유의 소주는 쌀 등 곡류 원료와 누룩(곡자)을 발효 원료로 하여 발효시켜 재래식 증류기인 고리를 사용하여 증류식 소주를 제조하는데 단식증류기로 증류한 연유로 알코올 성분 이외에 알데하이드류, 퓨젤유, 퍼퓨럴 향비 성분이 많고 원료에 따라 독특한 방향성 자극취를 갖는다. 때문에 찹쌀 소주, 보리소주, 고구마 소주, 절주, 화주, 토주 등의 향과 맛이 다르다.

소주의 지방 방언

개성	아락주
평북지방	아래기
강원도	깡소주
춘천	마이러기
경북/전남/충북	새주
진주	쇠주
영천	아래기
전남/순천/해남	효주

*이는 몽골에서 유래된 아리키와 혀를 자극하는 톡 쏘는 맛에서 유래된 말.

소주 내리기의 변천사

① 원시적인 방법은 죽관을 통한 증류 장치이다.

② 고려 초에는 '는지'라 하여 시루에 주발을 넣고 솥뚜껑을 거꾸로 엎어 주발에 받는 시루 증류 장치이다.

③ 고려 중엽부터 고리관 증류 장치로 내렸으며 흙으로 만든 것을 토고리, 동으로 만든 것을 동고리, 쇠로 만든 것을 쇠고리라 한다.

④ 이후 소주 맛을 부드럽게 하도록 고리 속에 원판을 넣기도 하고 삼중단을 두기도 한 원판형 개량 고리가 있었다.

⑤ 해방 후에는 내리는 소주량을 높이기 위해 큰 솥 위에 냉각관이 있는 드럼을 장치해 소주를 내렸다.

⑥ 현대에는 공장 규모로 발전되어 스테인리스나 동으로 만든 포트 스틸 장치에서 보일러 증기로 소주를 내린다.

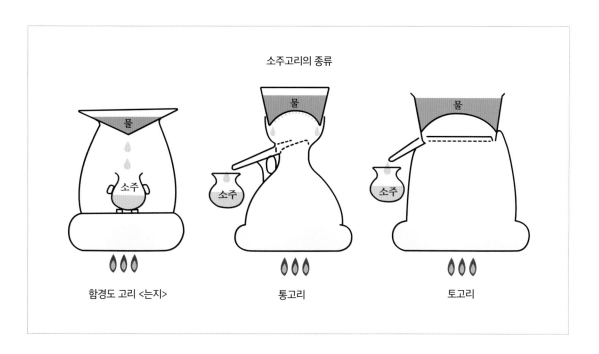

소주고리의 종류

함경도 고리 <는지>   통고리   토고리

편리한 희석요령(주도 조절하기)

(예1) 35도의 술을 25도 술로 만들고자 할 때

(원액 35도)⟍⟋25

25

(물 0도)⟋⟍10

35도의 술 25에 물 10의 비율로 하면 된다.

35도의 술이 100L일 경우 물 40L를 섞어야 한다.

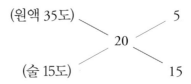

(예2) 35도의 술과 15도의 술을 섞어서 20도로 할때

(원액 35도)　　　　　　　　　　　5

20

(술 15도)　　　　　　　　　　　15

35도의 술 5에 15도의 술 15의 비율로 섞으면 된다.

가용주 제조 시 높은 도수를 희석하여 낮은 도수로 할 때 두 가지 술을 가지고 희망의 도수를 만들 때는, 큰 제조장에서는 희석표로 찾아내지만 가용주 제조자는 희석표가 없으므로 고천 희석요령을 참조하여 숙지하면 아주 편하다. 가정에서 당도 조절 때도 적용된다.

혼성주

혼성주란?

혼성주를 의미하는 리큐르(liqueur, 리큐어)의 이름은 라틴어인 녹인다, 논는다는 뜻 또는 액체라는 뜻에서 유래한 것으로 보인다.

　일반적으로 일반 증류주와 리큐어의 경계는 모호하다. 술을 증발시켜 남아 있는 고형물을 엑스분이라 하는데 엑스분이 2% 이상이면 리큐어라고 하고 2% 미만이면 일반 증류주로 분리한다. 그래서 증류주에 인삼을 넣어 인삼 향이 있는 인삼주도 엑스분 2% 경계에 따라 리큐어와 일반 증류주로 갈리게 된다.

매실주, 오가피주, 홍주, 인삼주 등 약초와 향초, 종자류, 과실류 등 다양한 리큐어를 무한하게 제조할 수 있다.

이강주도 리큐어에 속하는 술인데 먼저 쌀과 보리로 15도 약주를 빚고 숙성된 약주를 가지고 소주고리에서 35도 정도의 소주를 내린다. 여기에 배, 생강, 울금, 계피를 넣어 6개월 이상 숙성시켜 이강주 고유의 향과 맛을 숙성시킨 후 아카시아 꿀로 감미하는데 이러한 일련의 과정이 엑스분 2% 이상이기 때문에 리큐어로 분리한다.

주류의 숙성

주류 제조에 있어 제품의 부가가치를 높여서 주질을 고급화하기 위해 향미의 개선은 매우 중요하다. 숙성의 요인으로는 화학적 요인과 물리적 요인으로 나눠 볼 수 있다.

화학적 요인

숙성기간 중 미생물이나 효소의 작용으로 기질이 분해, 합성되는 등 복합적인 현상이 일어난다. 화학적으로 산화와 환원이 행해지면서 알코올과 산이 결합되어 떫은맛을 비롯해 다양한 향취가 생겨나고 어울린다. 그러나 한편으로는 쓴맛이 생성되는 노화의 과정이 진행되기도 한다.

물리적 요인

물과 알코올 회합(會合)의 형성으로 알코올 특유의 자극취가 없어지고 맛도 부드럽게 순화된다. 이는 물 분자의 구조와 알코올 분자의 구조가 회합을 형성하는 성질이 있기 때문이다.

기타 숙성 요인

주류에는 알코올, 물 이외에도 각기 다른 물질이 들어 있어 각기 다른 영향을 미친다. 대개 소주에는 물과 알코올, 리큐어에는 당·향·색소·물·알코올, 청주에는 아미노산·당·물·알코올, 과실주에는 산·탄닌산·당·알코올, 위스키에는 목통·성분·알코올 등의 성분이 들어간다. 이는 기간이 경과되면서 숙성이 진행되어 어느 정도 숙도가 넘으면 오히려 열화되어 노숙을 초래해 나빠지는 경우도 많다.

어느 술이든 향미가 제일 좋은 숙도의 기간이 따로 있는 것이다. 세계의 유명 주류들은 적어도 100년 이상의 역사를 쌓아 올리는 동안 많은 노력과 개량을 거듭하여 비로소 자타가 인정하는 오늘의 명주로 자리매김할 수 있었던 것이다.

양조의 이론수득량

양조란?

주류는 "알코올 1도 이상의 음료(단, 약사법에 의한 의약품으로 6도 미만은 제외)"로 정의하고 있으면 이와 같은 알코올 함유한 음료인 술을 만드는 것을 양조(釀造)라 한다.

술은 전분질 원료인 쌀, 소맥, 보리쌀, 옥수수, 고구마, 타피오카, 수수, 조 같은 천연원료와 밀가루, 고구마 전분 등과 같은 가공원료를 가지고 국균의 번식에서 나오는 당화 효소로 전분을 당분으로 분해한다. 그리고 이 당분을 다시 효모가 알코올과 탄산가스로 분해하면서 이루어진다. 그러나 포도주, 딸기주, 복분자주, 머루주와 같은 과실주는 국사용 없이 효모만 가지고 발효시킨다. 이론상 알코올 생성은 다음과 같다.

발효법에 의한 이론상 알코올 생성량

이론적으로는 원료 내 총 전분의 100kg으로부터 100% 알코올 71.5L가 얻어지고 원료 내 총 당분 100kg으로부터 64.35L의 100% 알코올이 얻어진다.

그러나 실제의 알코올 수득은 국균이나 효모의 증식을 위하여 전분이나 당분이 일부 소비되고, 알코올 일부가 양조 기간 중 공기 중에 희산(稀散) 되며, 전분이나 당분이 완전히 발효되지 못하고 잔당으로 남아 있으므로 실제 수득은 이론 수득량보다 적다. 하여 이의 비율을 발효 비율이라 한다.

무게로 알 수 있는 주도 측정 요령

일반가정에서 발효과정이나 숙성주도 주정 도수를 알려고 한때는 시류계, 증류 장치, 온도계, 환산표 등 복잡한 준비가 필요하다.

이러한 복잡한 장치가 없을 때는 간편하고 재미있는 중량에 의한 산출법이 있는 무게나 용량을 재면서 주도를 산출한다.

당분 100kg(전분으로 90kg)과 알코올 64.35L와 48.86kg의 CO_2가 생산되는 이론치를 가지고 있다.

다시 말하면 CO_2 1kg이 줄어드는데 facter가 1.32이다.

3일 후 1kg이 줄었다고 가정하고 그때 부피는 9L라 하면,

$1 \times 1.32 = 1.32$

$1.32 \times 9L \times 100 = 14.66\%$가 되는 것이다.

9일 후 1.1kg이 줄었고 그때 부피는 8.5L라 하면,

$1.1 \times 1.32 = 1.452$

$1.452 \times 8.5L \times 100 = 17\%$ 주도가 되는 것이다.

발효제의 종류

발효제의 역할

발효제는 주세법상 국과 밑술로 구분되며, 국은 전분질 원료에 곰 팡이 균을 번식시킨 것으로 전분을 당화시킬 수 있는 효소를 포함 한 물료를 말한다. 따라서 과실주에서는 국 제조가 필요 없다. 주 류별로 사용되는 국의 종류를 보면 탁·약주: 누룩, 입국(백국, 흑국, 황국, 홍국), 조효소제, 정제효소제, 맥아 등이 있다.

국麴의 종류

(가) 누룩(곡자)

누룩은 소맥, 호맥 등을 분쇄하여 반죽 성형한 후 공기 중에 곰팡 이를 자연 번식시켜 각종 효소를 생성 분비하는 국의 일종이며 양 생 효모를 지니고 있으므로 밑술(주모)의 모체역할을 겸한 발효 제의 일종이다. 누룩은 곡자, 국얼, 국자, 주매, 은국으로 불리지만 『표준국어대사전』에는 '술을 빚는 데 쓰는 발효제'로, 『새 우리말 큰사전』에는 '곡물을 쪄서 누룩곰팡이를 번식시킨, 술을 빚는 데 쓰는 발효제'로 풀어놓았다.

(나) 입국

입국은 전분질 원료(쌀, 보리, 밀가루)를 증자한 후 곰팡이류(종곡)를 인위적으로 접종·배양하여 일본식 코지의 일종인 원료인 동시에 발효제로 번식시킨 것이다.

입국의 역할은 전분질의 당화, 향미의 부여, 술덧의 오염을 방지한다. 입곡균은 백국, 흑국, 황국, 홍국이 있는데 백국은 황국에 비해 생산성이 강하여 여름철 입국 제조에 주로 많이 이용된다. 신맛이 강하고, 주질의 향미가 뛰어나고, 백색에 가까워 탁·약주에 많이 하용하는 균주이다.

당화력인 역가(sp)의 지속력은 백국이 황국보다 강하여 흑국은 그 중간에 있다. 현재 널리 사용되고 있는 백국균은 흑국균에서 변이시킨 변이주의 일종인 아스페르길루스 시로우사미(Asp. shirousamii)이다.

(다) 조효소제

조효소제는 재래식 누룩의 주요균은 리조푸스속(Rhizopus sp.)과 아스페르길루스 우사미(Asp. usamii), 아스페르길루스 오리제(Asp. oryzae) 등의 배양균으로 제조된 것으로 자연 누룩의 복잡한 맛과 높은 당화력을 동시에 활용하기 위하여 제조된 발효제, 피질(밀기울) 또는 전분질을 함유한 것을 증자하거나 생피 그대로 살균한 다음 인공적으로 당화 효소 생성균을 번식시킨 것을 말한다. 통주의 품질을 높이고 생산성을 향상시키면서 전통주 고유의 맛과 향을 유지하기 위하여 제조한 누룩으로 대표적인 개량 누룩이다.

(라) 정제효소제

고체 및 액체배지에 당화 효소 생성균을 배양시킨 것으로부터 효소를 추출 분리하여 제조된 아주 높은 역가(보통 sp. 15,000 이상)의 발효제로 주정 제조에 제일 많이 사용되며 탁·약주의 역가 보충용으로 소량씩 사용되기도 한다. 종류로는 아밀레이스, 말테이스, 자이메이스 등이 있다. 정제 효소는 현재 거의 수입에 의존하고 있다.

(마) 종국
종국은 국을 만들 때 필요한 곰팡이 씨앗을 말한다.

(바) 밑술
밑술은 주모라고도 하며 술의 제조에 필요한 효모를 본 발효 전에 중식 배양 할 목적으로 정성 들여 제조한 소량의 우량 발효액을 말한다.

(사) 효모
효모는 당질의 원료를 알코올로 만드는 미생물인데 사카로미세스 세레비지에(Saccharomyces Cerevisiae)이며 당을 에너지원으로 이용해 알코올을 생산한다.

실용상 효모는 단세포이지만 사상 또는 위균사를 나타내는 것도 있다.

효모를 야생 효모와 배양 효모로 나누고 있으나, 실지 주조에 사용하는 것은 배양 효모로 대개의 주류용 효모를 통칭한 것이다. 야생 효모는 공기 중이나 과실을 표면 등에 붙어 있는 효모를 가리켜 말하는 것이다. 효모는 맥아즙의 당분을 발효해 알코올과 탄산가스로 만든다. 포자는 적당한 영양과 온도에서 발아하며 대부분 출아로 번식한다.

명인의 술

우수한 우리식품의 계승·발전을 위해 식품제조·가공·조리 등의 분야에서

명인을 지정하여 육성하기 위한 취지로 마련된 식품명인제도는

20년 이상 한 분야의 식품에 정진했거나, 전통방식을 원형대로 보존하고

이를 실현할 수 있는 자, 혹은 명인으로부터 보유기능에 대한 전수교육을 이수 받고

10년 이상 그 업에 종사한 자여야 한다는 엄격한 심사 기준에 따라 선정된다.

국가가 지정하는 관련 분야 최고 기능장으로서의 명예와

그에 맞는 혜택을 부여받기에, 국내 식품산업 종사자들에게

최고 권위로 인정받는 동시에 선망의 대상이 되고 있다.

대한민국 식품명인 윤리강령

전문

대한민국 식품명인은 우리 식품의 계승·발전을 위하여 명인으로서의 자부심과 열정, 가치를 존중하고 최고의 기량을 갖춘 기능인으로서 사명감을 갖고 경제·사회·문화적 가치를 실현하는 공인으로서의 능력과 품위를 유지하기 위해 노력한다. 이에 우리는 동료, 기관, 지역사회 및 국가와 관련된 명인의 행위와 활동을 판단·평가하는 윤리강령을 다음과 같이 규정하고 이를 준수할 것을 다짐한다.

제1조(윤리강령준수)

명인은 식품명인 윤리강령을 준수한다.

제2조(품위유지)

명인은 최고의 기능인으로서 품위를 유지하며 지위와 인격을 훼손하는 행위를 하여서는 안 된다.

제3조(전수교육)

명인은 후계자 양성을 위해 전수교육을 사명감을 갖고 수행할 책임이 있으며 일반인에게도 전파되도록 대중화에 노력해야 한다.

제4조(상업적 이득)

명인 휘장 및 제품을 상업적인 가치로 판단하지 말고 보호·육성할 사회·문화적 가치로 인식하여야 하며 지나친 상업적 이득 행위로 인해 장인정신이 훼손되지 않도록 노력해야 한다.

제5조(이익단체화의 금지)

명인은 공인으로서 집단이기주의적 행동을 삼가야 하며 명인사회의 정의실현과 명인의 정당한 권익 옹호를 위해 노력한다.

제6조(사회적 책임)

① 명인은 자신의 기능과 기량을 사유화해서는 안 되며 국민의 문화향상을 도모하고 인류 문화 발전에 기여하기 위해 기능을 보급·활용·확대하는데 노력해야 한다.

② 자신이 속한 지역사회의 문제를 이해하고 이를 해결하도록 적극 노력해야 한다.

제7조(비밀유지)

명인은 존중과 신뢰로서 동료를 대하며 동료의 기량과 사생활을 존중하고 보호하며 명인사회 상호 간에 취득한 정보에 대해 철저하게 비밀을 유지해야 한다.

제8조(기관에 대한 책임)

① 명인은 기관의 정책과 사업 목표의 달성 및 효과성을 증진하기 위해 노력함으로써 명인사회와 국가에 이익이 되도록 노력해야 한다.

② 명인은 소속기관의 활동에 적극 참여함으로써 기관의 성장발전을 위해 노력해야 한다.

③ 명인은 기관의 부당한 정책이나 요구에 대하여 명인의 가치와

기능을 근거로 이에 대응하고 즉시 식품명인 윤리위원회에 보고해야 한다.

제9조(사례금)

명인은 강연, 출판물에 대한 기고, 기타 유사한 활동과 관련하여 개인·단체 또는 기관으로부터 통상적이고 관례적인 기준을 넘는 사례금을 받아서는 안 된다.

제10조(윤리위원회 구성)

① 한국식품 명인협회는 식품명인 윤리위원회를 구성하여 명인윤리실천의 질적 향상을 도모하여야 한다.

② 식품명인 윤리위원회는 윤리강령을 위반하거나 침해하는 행위를 접수받아 공식적인 절차를 통해 대처하여야 한다.

③ 식품명인은 식품명인 윤리위원회의 윤리적 권고와 결정을 존중하고 따라야 한다.

대한민국 식품명인 명인주 25인

구분	회사/보유기능	대표자	회사 주소
제1호	송화양조 송화백일주	조영귀	전북 완주군 구이면 계곡리
제2호	금산인삼주 금산인삼주	김창수	충남 금산군 금성면 파초리
제4-가호	계룡백일주 계룡백일주	이성우	충남 공주시 봉정동
제6호	명인안동소주 안동소주	박재서	경북 안동시 풍산읍 산업단지
제7호	문배주양조원 문배주	이기춘	경기 김포군 통진읍 서암리
제9호	전주이강주 이강주	조정형	전북 전주시 덕진구 원동
제10호	유천양조원 당정옥로주	유민자	경기도 안산시 단원구 대부북동
제11호	둔송구기주 구기자술	임영순	충남 청양군 운곡면 광암리
제12호	계명주 계명주, 약계명주	최옥근	경기 남양주시 수동면 지둔리
제13호	민속주왕주 가야곡왕주	남상란	충남 논산시 강산동
제17호	김천과하주 과하주	송강호	경북 김천시 대항면 향천리
제19호	한산소곡주 소곡주	우희열	충남 서천군 한산면 호암리

구분	회사/보유기능	대표자	회사 주소
제20-가호	민속주 안동소주	김연박	경북 안동시 수상동 280
제22호	추성고을 추성주	양대수	전남 담양군 용면 추성리
제27호	명가원 솔송주(송순주)	박흥선	경남 함양군 지곡면 창평리
제43호	감홍로 감홍로주	이기숙	경기도 파주시 파주읍 부곡리
제48호	태인합동주조장 죽력고	송명섭	전북 정읍시 태인면 태흥리
제49호	(유)금정산성토산주 산성막걸리	유청길	부산광역시 금정구 금성동
제61호	병영주조장 병영소주	김견식	전남 강진군 병영면 하멜로
제68호	오메기술	강경순	제주 서귀포시 표선면 성읍리
제69호	삼해소주가 삼해소주	김택상	서울 종로구 삼청로 9길
제74호	석전상온전통주가 설련주	곽우선	경북 칠곡군 외관읍 석전리
제79호	신평양조장 연잎주	김용세	충남 당진시 신평면 신평로
제84호	제주고소리술익는집 고소리술	김희숙	제주도 서귀포시 표선면 중산간동로
제88호	농업회사법인 신선 청주신선주	박준미	청주시 상당구 것대로
대한한국식품명인협회			서울시 강남구 테헤란로 51-20

조영귀

송화백일주

대한민국 식품명인 제1호

수왕사의 정순하고 맑기로 유명한 물로 만들었다는 송화백일주는 과거 많은 문헌에서 발견되었다. 현재 발견된 바로는 신라 시대 제28대 왕인 진덕여왕 때까지의 기록이 있지만, 구전으로 내려온 세월이 있다면 송화 백일주의 전통성은 가히 예상할 수 없을 정도이다.

이러한 전통성을 가진 송화백일주는 스님인 조영귀 명인의 계승으로 명주의 명맥을 이었다. 현재는 조의주 전수자가 제13대 전수자로 전통의 맛을 재현하고 있다.

조영귀 대한민국 식품명인은 모악산 수왕사 벽암 주지스님으로 송 화백일주 제12대 전승 기능 보유자이다. 문화와 전통을 빚는 명인 제1 호의 사찰법주로 송화백일주는 소나무 꽃인 송홧가루와 솔잎, 산수유, 오미자, 구기자 등의 재료를 사용하여 100일이면 완성되지만 3년을 숙 성시켜 부드러운 맛으로 가다듬고, 볕을 좋아하는 소나무의 성질을 최 대한 끌어내 숙성하여 황금색을 띠는 저온 숙성주이다.

송홧가루와 누룩이 송화백일주의 맛을 크게 작용하는데, 송홧가루 는 물에 잘 녹지 않고 정화작용을 하며 잡균 방지와 방부 기능에도 좋 다. 보리, 콩, 조, 수수, 팥 등을 깨끗이 씻어 준비하고, 누룩과 찐 고두밥 과 오곡을 갈아 섞어 함께 밀봉한 상태로 20여 일을 숙성시키고, 용수를 넣어 맑은 술이 뜨면 그 술이 바로 오곡주이다.

송죽오곡주는 7일간 온돌방에 재우고, 보름간 땅에 묻어 발효 숙성

시켜 얻는다. 숙성시킨 후 증류한 소주에 솔잎, 산수유, 구기자, 오미자 등을 넣어 숙성시키면 송화백일주가 태어난다. 송화백일주는 모악산 인근에서 매년 두 번 이상 윤사월에 산 전체가 송홧가루로 무너지는 시기 직전에 송홧가루와 송순, 솔잎을 채취하여 자연 그대로의 향취를 가지고 정성을 들여 만든 명주이다.

김창수

대한민국 식품명인 제2호

금산인삼주

찐 고두밥에 비율의 누룩을 잘 섞다가 소량의 물과 함께 치대준다. 금산의 4~5년근 인삼을 깨끗이 씻어 물기를 없애고 고루 갈아서 같이 섞어 치댄 후 비율의 물을 부어 항아리에 넣어준다.

8~10일 정도 20~25도 정도의 온도를 유지하며 보관하고 발효시켜서 저온 숙성시킨다. 처음 연구할 때에는 18%로 나왔는데, 도수가 높게 나오니 대중적인 16%, 15%까지 내려보는 실패를 거듭하면서 지금의 12.5%의 약주가 만들어졌다.

한국을 대표하는 최고의 토산물인 인삼의 명맥을 1,500년 전부터 이끌어 온 땅은 충청남도 금산이다. 고려인삼의 종주지로 국내 최고의 인삼 재배지인 금산에서 자란 인삼은 모양이 가늘지만 단단하고 사포닌 함량이 우수해 건강과 정취를 담아낸 것으로 유명하다.

이러한 금산인삼과 조선 시대 사육신 중 김문기 가문의 전통을 토대로 김 씨 가문 16대손인 김창수 명인은 풍미와 건강을 담은 금산인삼주를 재탄생시켰다.

김창수 명인은 "이전까지는 인삼주라고 하면 관상용으로 소주에다 인삼을 넣어 우려내는 것에 불과했어요. 진정한 인삼주가 아니죠. 보기 위한 인삼주는 가당치 않습니다. 인삼이 함께 발효되어 인삼의 좋은 성분이 인삼주에 활성화되어야 진짜 인삼주입니다."라고 말했다.

과거 대대로 내려오는 가문의 비법을 담은 가전문헌 '주향녹단', '집록'과 어깨너머의 기억들을 통해 수년간 세월을 투자, 연구하여 이루어 낸 금산인삼주는 금산의 기운을 완벽하게 잡아주어 한국을 대표하는 명주 중 하나가 되었다.

이성우

대한민국 식품명인 제4-가호

계룡백일주

계룡백일주는 조선 시대 임금님께 진상하던 궁중술로 선조들의 뛰어난 양조 문학의 맥을 이어오는 한국전통 민속주이다. 오미자, 백미, 누룩, 진달래꽃 등의 천연재료들을 가지고 오래될수록 맛이 풍부하고 향기롭다. 15대째 내려오는 누룩의 비법인 통밀과 찹쌀을 같은 비율로 사용하여 잘 섞어서 손끝으로 느낌을 살피며 치대주면 부드럽고 절묘한 배합의 누룩이 만들어진다. 누룩은 재료의 양을 25% 정도의 물을 넣어 반죽하는 것이 중요하고 면포에 묶어 잘 다듬어서 발로 힘을 주어 디뎌서 성형을 마치면, 여름철은 2개월, 겨울철은 3개월 정도 띄운다. 2~3일에 한 번씩 뒤집어주어야 노르스름하면서도 빛깔이 하얗게 뜬 누룩이 완성된다. 이 비율이 계룡백일주 누룩의 핵심이라 할 수 있다.

계룡백일주는 여타 백일주가 고두밥이나 백설기를 발효시키는 것과 달리 밑술은 쌀로 죽을 쑤어 식힌 후 누룩을 섞어 담가주고 20일 정도 저온 발효시켜 완성한다. 그러므로 맛이 유독 담백하면서도 쌉쌀하고 향긋하다. 덧술은 찹쌀과 고두밥을 쪄서 말린 다음 섞어 담는다. 덧술을 담근 후, 2개월 정도 발효시킨 후 덧술이 발효되면 여과한 뒤 20일 정도 저온 숙성시켜준다.

조선의 제16대 임금인 인조가 왕실의 비법을 하사하고 연안 이 씨 가문에서 지켜 내려온 계룡백일주는 이름과 같이 밑술의 발효와 술의 숙성 기간인 100일이란 인고의 시간을 버텨야지만 맛볼 수 있는 귀한 술이다.

충남 무형문화재로 지정된 계룡백일주는 꽃과 나무, 산과 들에서의 향긋한 재료를 담았다. 그렇기에 계룡백일주에는 기다림의 미학을 아는 선비와도 같이 담백하면서도 국화 향의 부드러움, 계룡산 주변을 뛰노는 소녀와도 같이 솔잎과 봄날의 진달래의 향을 느낄 수 있다.

　　다양한 꽃의 우아함과 쌀의 부드러움의 조화를 이루는 계룡백일주는 이성우 대한민국 식품명인이 연안 이 씨 가문의 비법을 지키며 명맥을 이어가고 있다.

박재서

안동소주

대한민국 식품명인 제6호

'3단 사입' 과정을 통해서 만들어지는 것이 특징인 안동소주는, 안동 지방 내 타 안동소주의 '2단 사입' 과정과는 다른 500여 년 전통을 자랑하는 가양주다. 보통 증류주가 막걸리에서 증류되는 과정이 아니라 안전한 발효와 효모 증식이 가능하게끔 하고, 완전 발효로 잡균의 번식을 억제해서 순수한 알코올을 얻을 수 있는 100% 우리 쌀로 만든 정통 안동소주의 맛이라 한다.

주모에다가 세 번 더 덧밥을 더하고 40일 동안 26℃ 정도의 온도가 유지되도록 발효시키는 방법이다. 고두밥과 누룩, 물을 혼합하여 발효시킨 막걸리에 또 쌀과 물을 섞어 2단 사입하고, 청주에 또 섞어 3단 사입하여 발효시킨 22도의 청주를 증류시키고, 갓 증류하면 87도에 처음 증류되고 점점 도수를 내려가며 75도, 43도 등등 도수를 맞춰서 내린다고 한다.

안동소주의 가장 큰 특징은 역한 알코올 취가 없고 잘 정제된 향긋한 곡주향만 있어 누구나 편하게 마실 수 있다. 마신 후 입안 가득 향이 퍼지며 연기처럼 사라지는 화사함과 아랫배에서 올라오는 뜨거운 기운의 교차로 마실수록 기분이 좋아지는 매력 있는 소주다. 일제강점기 때 쌀 소비제한으로 인한 전통주 말살 정책 때문에 제대로 된 숙성방법이 전해 내려오질 못하다가, 88올림픽으로 전통주 발굴 작업이 시작되면서 90년도에 그 명맥이 이어오게 되었다고 한다.

조선 명조 안동의 명문가인 은곡 박진 선생의 반남 박 씨 가문에서 가양주로 빚어오던 안동소주 제조비법을 반남 박 씨 25대손인 박재서 명인이 계승 발전시켜 현재까지 이어져 내려오고 있다.

박재서 명인은 젊은 세대뿐만 아니라 외국인들의 입맛 또한 저격할 수 있는 맛을 내기 위하여 노력했다. 이러한 명인의 술에 대한 애정과 노력은 도수가 높은 술임에도 불구하고 많은 사랑을 받고 있다.

이기춘

문배주

대한민국 식품명인 제7호

최근 젊은이들은 숙취가 있을 때 배 음료를 마시며 머리와 위를 진정시킨다. 배의 시원하면서도 달콤한 향이 묵직한 전날 후유증을 달래주기 때문이다. 배를 넣지 않았음에도 배의 향이 나는 술이 있다. 한국의 달달하고 시원한 돌배의 꽃이 필 때의 향이 나는 이 술은 향에서 이름을 따와 '문배주'라는 이름을 가졌다.

통밀에 토종 누룩곰팡이인 황금 곰팡이를 배양시킨 누룩을 사용하여 종합 3번을 빚어 증류한 이 술은 고려 태조 왕건 때부터 1,000년의 역사를 가진 유서 깊은 명주 중 하나이다.

전주 이 씨 평장사공파 가문은 대대로 평양에 거주하며 가문의 술을 빚었다. 그러나 이제는 한국의 전주 이 씨 평장사공파 21대 후손인 이기춘 명인만이 그 가문의 비법을 지켜나가고 있다.

국내뿐만 아니라 국제적으로 유명한 이 술은 정순하기로 유명한 김포의 지하수와 제주도의 물을 사용하는데, 과거 대동강 유역의 석회암층에서 퍼 올린 암반수와의 성질이 비슷하기에 이러한 문배술의 향이 유지될 수 있었다.

40도의 도수가 높은 특성을 가지고 있는 이 술은 숙성하면 더 맛이 깊어진다는 특징을 가지고 있다. 때문에 술을 수집하는 지인들에게 선물하기에 아주 적합한 술이라 할 수 있다.

조정형   이강주

대한민국 식품명인 제9호

이강주는 가을의 초승달 같은 술이라는 찬사를 받는 조선의 3대 명주 중 하나이다. 이강주는 본래 조선 시대 귀족 사회에서 마실 수 있는 고급 약주로 유명하다.

조정형 명인의 집안 선조들은 대대로 오랜 시간 조선 시대 완산지방의 장관직인 부사직을 부임 받았다고 한다. 그렇기에 전주의 진상품인 최상등급의 배, 생강, 울금 등을 많이 접하고 많은 귀한 사람들에게 대접하기 위하여 직접 술을 빚었을 것이라 명인은 짐작한다.

과거 오랜 시간 전북대학교 농과대학교에서 발효를 공부하고부터 많은 한국의 주류회사에 약 30여 간 몸 담근 후 술에 대한 이해를 마쳤다. 그리고 조선의 3대 명주 중 하나인 이강주 제조에 삶을 바쳤다. 이후에 전주의 특산품 중 울금, 계피, 생강, 꿀, 배 등과 고품질의 쌀과의 완벽한 조합을 연구·개발해 내어 여타 이강주와는 차별화된 국내 최고의 이강주를 만들게 된다.

재료 중 배와 생강은 간을 보호하고 울금은 혈압과 당뇨를 조절한다. 카페인 성분으로 신경안정제 역할을 하는 이강주의 대표 재료인 울금은 '옐로우 푸드(yellow food)'를 대표하는 식품으로 술과 함께 숙성시키면 색이 노랗게 황금색을 띠며 술의 향취가 코끝에서 머릿속까지 길게 여운을 남긴다. 그렇기에 조정형 명인의 이강주는 맛과 향뿐만이 아니라 마시는 사람의 건강까지 고려해주는 완벽한 술이라고 할 수 있다. 이 술을 마시게 되는 누구든 이강주의 매력에 빠질 수 있을 것이라 자부한다.

전주 쌀로 빚은 15% 약주를 증류기에 넣어 증류시키면 35% 정도의 증류주가 나오는데 여기에 배하고 생강, 울금, 계피를 넣어 3년 이상 숙성을 시키면 25% 정도의 순한 이강주가 탄생된다.

유민자

옥로주

대한민국 식품명인 제10호

옥구슬 같은 이슬의 형태로 증류가 된다고 해서 '옥로주'라는 이름을 가진 술이 있다. 이 술은 서산 유 씨 가문의 가양주로 약 140여 년경 전인 조선 시대부터 내려온 것으로 추정된다. 그 당시부터 이 술의 이름이 옥로주가 된 것이 아니라 명인의 조부께서 경상남도 최서단에 있는 하동에서 생산하고 판매를 하면서 옥로주라는 이름이 정착됐다. 이후 현재는 유민자 대한민국 식품명인에 의하여 그 명맥을 지켜나가고 있다.

옥로주는 누룩을 만들 때, 통밀 2말과 율무 7되를 분쇄하여 비율대로 끓여서 혼합하고 3~5시간 동안 식혔다가 마른 쑥을 첨가하여 다시 반죽하고 성형해서 띄운다.

옥로주 제조방법을 살펴보면 옛 도량형 기준으로 주모(밑술·술밑) 제조에는 백미 1말, 율무 2되의 고두밥과 누룩 3되, 양조용수 5되 비율로 배합한다.

백미와 율무로 만든 고두밥을 누룩이 잘 섞이도록 용수를 여러 번 나누어 넣으면서 손바닥으로 골고루 비벼 넣는다. 밑술 항아리에 옮겨 담고 실온 20~25℃에서 발효 숙성한다. 가장 발효가 왕성할 때 술덧을 하는데 백미 1말과 율무 1말을 각각 시루에 쪄서 만든 고두밥에 주모와 양조 용수 배합하여 덧술을 담금한다. 술덧의 품온을 20~30℃로 유지하고 약 10일간 발효시킨 다음 4~5일이 지나면 커다란 거품이 생기면서 탄산가스의 발생이 왕성해지고 과실향이 나면서 4~5일이 지나면 품온이 조금씩 내려간다.

덧술 과정이 끝나면 고주리나 동고리를 이용하여 증류한다. 증류 과
정에서 초류액과 후류액을 혼합하여 40도의 옥로주를 제조한다. 이후 증
류주를 숙성통에 넣어 5~6개월 동안 숙성하여 완성한다.

옥로주는 이름만 옥구슬처럼 아름다운 것이 아니라 특이하게 율무를
사용하기에 애주가들의 마음을 울리는 술이 되었다. 알코올 농도가 높은
술이지만 건강하고 아름다운 술을 찾는다면 옥로주를 권하고 싶다.

중국 진시황제도 불로장생을 위해 먹었다는 구기자를 술로 만들어 속히 '불로장생주'라고 불리는 술이 있다. 조선 후기로부터 약 170여 년 의 전통을 가지고 있는 '구기주'이다.

구기주는 쌀과 누룩, 구기자 열매, 잎, 뿌리(지골피)에 두충 껍질, 감 초, 들국화를 넣어 만드는 술이다. 말린 구기자나무의 뿌리나 가지를 사 용하고 삶아 찧어서 나온 즙을 누룩과 쌀을 치대는데, 이는 색을 곱게 하 도록 구기자 전체를 사용하는 것이 아니라 술을 마시는 손님들의 다음 날을 망치지 않고 온전하고 편히 보내게 하기 위함이다.

임영순 대한민국 식품명인은 약 63여 년 전 하동 정 씨 10대손의 종 갓집 며느리로 들어와 현 가양주인 구기주를 책임지고 있다. 이익과 이 윤 보다는 마시는 사람의 건강을 우선으로 한다는 소나무처럼 청렴하고 고고한 신념을 굳건히 지켜나가고 있다.

구기자는 비타민과 아미노산 그리고 베타인이 풍부해 강장 효과와 간세포 생성촉진 효과가 탁월한 것으로 알려져 있다. 임영순 명인은 국 내 구기자 생산량의 절반 정도를 사용하는 것으로 알려져 있다. 많이 사 용하는 것뿐만 아니라 현재까지도 직접 구기자와 찹쌀, 두충 등을 가꾸 어 검수 후 사용하기에 모든 구기주의 품질이 높게 유지가 된다.

게다가 제조 중 설탕이 전혀 들어가지 않음에도 불구하고 약간의 단맛과 은은한 향이 일품인 구기주는 많이 마셔도 현대인의 일상에 타격을 주지 않는다. 그래서 맛있는 술을 즐기고 싶지만 다음 날 숙취를 걱정하는 현대 사회인에게 최적화된 술임이 분명하다.

대한민국 식품명인 제12호

고구려 시대 때부터 지금까지 약 1,500년의 전통을 가지고 있는 약계명주는 최옥근 명인 집안의 명예이자 자존심이다. 엄격한 시어머니께 가양주 제조법을 배운 최옥근 명인은 매번 술을 빚을 때마다 온 마음과 정성을 쏟는다.

고구려 전통주인 계명주의 특징은 옥수수와 수수, 엿기름으로 죽을 쑤고 누룩과 솔잎을 넣어 섞어 저녁에 빚으면 다음 날 새벽 닭이 울 때까지 술이 익는다. 하여 급하게 술을 빚을 필요가 있을 때 만들었던 속성주로 일일주(一日酒), 삼일주(三日酒), 계명주 등이 이에 속한다. 일명 '엿탁주'라고도 한다. 보통 계명주는 제조와 숙성을 합해 8~15일이 걸려 보통의 전통주보다 훨씬 단시간에 신선한 술을 즐길 수 있게 된다.

계명주(鷄鳴酒)의 알코올 농도는 11%이고 여기에 여덟 가지 약초를 넣어 알코올 농도를 16%로 만든 술이 약계명주다. 이 전통주는 짧은 시간에 발효되어 알코올 농도가 약하고 단맛이 강하다.

경기도의 대표적인 전통주 가운데 하나인 계명주의 재료는 수수, 옥수수, 누룩, 엿질금, 조청(엿), 솔잎 그리고 물이며 술을 빚는 과정은 다음과 같다.

1. 법제한 누룩 가루를 조청에 담가 불린다.
2. 수수와 옥수수를 냉수에 침지하여 불린다.

3. 불린 수수와 옥수수를 맷돌에 갈아 가마솥에 넣고, 여기에 엿질금과 물을 부어 은근한 불에 죽을 쒀서 당화시킨다.
4. 식은 죽을 자루에 넣고 짜서 엿밥을 걸러낸다.
5. 차게 식힌 죽에 조청에 불린 누룩과 솔잎을 넣고 골고루 버무려 잘 섞은 후 술 항아리에 넣고 봉하여 약 28도 정도에서 발효시켜 거르면 약 11도의 계명주가 완성된다.

옛 뿌리 중 하나인 과거 고구려의 술을 마시고 싶은 자가 있다면, 저자는 최옥근 명인의 약계명주를 추천하고 싶다.

남상란

왕주

왕이 즐겨 마셨다는 뜻 또는 술 중의 왕이라는 이유로 '왕주'라고 불리기 시작했다. 이 술은 유네스코 세계 문화유산으로 지정된 종묘제례에서 쓰이는 세 가지 제주 중 하나로 선정되어 있을 정도로 많은 사랑을 받았다. 또 지금은 국내뿐만 아니라 국제적으로 관심을 받는 술이다.

왕주는 야생국화(구절초), 구기자, 산수유, 복분자, 솔잎, 홍삼 등 14가지 약초가 들어가는 것이 그 비법이다. 왕주는 혀를 감아 도는 감칠맛에 짜릿하고 새콤달콤하며 은은하게 퍼지는 약초 향이 일품이고 부드럽게 넘어가지만 뒤끝은 깨끗한 것이 그 특징이다. 암반수를 사용하고 주모를 만들어서 2단 사입한 뒤 저온에 100일을 숙성시켜서 용수를 박으면 황금빛 술이 올라온다.

5~6월경 누룩을 직접 빚어서 1년 내내 그 누룩으로 술을 빚는데 황곡균이 나오게 띄우는 방법이 중요하다. 밀 반죽에 습기를 만들기 위해 1/10 정도 물을 넣고 손으로 반죽을 한 움큼 지었을 때 부서지지 않게 물 조절을 잘해야 왕주만의 누룩 비법이다.

민속주 왕주는 명성황후의 집안 가양주에서 비롯되었고, 지금은 3대째 이어가고 있으며 현재 남상란 명인의 주도하에 그 비법이 이어지고 있다.

남상란 명인의 말에 따르면, 백제 시대 때부터 내려왔던 가양주지만 지금은 과거의 비법에 현대인들의 특성과 기술에 맞추어 꾸준히 개발연구를 하여 호불호가 갈릴 수 있는 누룩 향을 줄이고, 매실을 첨가하고 냉각여과 기법을 이용한 저온살균 처리기법으로 짧은 유통기한에 대한 보완을 통하여 누구나 편히 즐기기 좋은 맛과 건강 그리고 보관의 유용성까지 잡았다고 한다.

송강호

김천과하주

대한민국 식품명인 제17호

많은 문헌에 따르면 과하주는 임금에게도 진상될 정도로 귀한 고급 명주이다. 여름을 나는 술이라고 일컫는 과하주는 쌀과 누룩만을 통하여 술을 빚는다. 그렇기에 타 술과 비교하면 맛이 심심하거나 부족할 수 있다고 많은 이들이 생각할 수 있지만, 맛을 본 사람들은 이 술의 매력에 푹 빠진다.

과하주 중 가장 유명한 김천과하주의 비법을 이어오는 송강호 대한민국 식품명인의 과하주는, 한국의 전통 명주로서 맛을 인정받고 오랜 시간 많은 이들의 사랑을 받을 정도로 맛이 깊고 산미가 있으며 품위 있는 단맛을 지어낸다. 그 단맛의 비법 중 하나는 일반적인 제조법과는 다르게 천천히 저온에서 술을 정성스럽게 빚는다는 것이다.

우수와 경칩 사이 정월 보름에 술을 빚어서 4월 8일에 먹는 과하주를 만드는 방법은, 한국의 토종 밀을 맷돌에 갈아 과화천 샘물로 빚어 누룩 틀에 넣고 누룩의 형태를 만들어 국화꽃과 쑥을 아래에 두르고 짚을 밑에 깐 다음 한 달 동안 뒤집어가며 볕을 쬐며 누룩을 띄어 만든다. 법제가 끝난 분쇄한 누룩 가루 2말을 하루 동안 물에 담가두었다 우러난 윗물만 사용하는 수곡으로 천천히 술을 익힌다. 찐 고두밥에 수곡을 뿌려가며 치대고, 떡판이나 절구통에 넣어서 떡을 치대듯이 물을 넣지 않고 수곡으로만 치댄다.

치댄 반죽을 둥근 모양으로 만들어 열기가 빠지면 독에 담아 수곡을 자박하게 담아 한지로 밀봉하여 덮고, 80~90일간 저온으로 발효시킨 후 용수를 이용하여 향긋하고 단맛이 나는 맑은 정주를 소량 뜬다. 이러한 약주는 16%로 45일 이후에도 마실 수 있다. 정주를 뜨고 난 뒤 남은 찌꺼기에 소주를 넣어 일반적인 23% 정도의 재성과하주를 만든다.

우희열

한산소곡주

대한민국 식품명인 제19호

약 1,500여 년 전 백제 시대부터 구전으로 내려온 전통을 가진 소곡주는, 백제가 멸망하자 유민들이 素(흴 소)에 麴(누룩 곡)자를 써서 소곡주라는 이름이 붙었다. 이것은 소복 차림으로 술을 빚었다는 설이나 소곡주만의 특유한 향과 맛으로 과거를 보지 못할 정도로 술에 집중하게 되어 '앉은뱅이 술'이라는 별칭까지 얻었다는 등 많은 관련 이야기가 있을 정도로 백제 시대 사람들에게 친숙하고 사랑을 받았던 술이다.

우희열 명인은 1965년도에 시집와 시어머니 김영신 명인으로부터 소곡주 비법을 전수받았다. 재료 하나하나까지도 탐색·검수하고, 재배하여 고품질의 한산소곡주에 삶과 숨결을 불어넣었다.

멥쌀을 갈아서 시루에 넣어 흰떡을 찐 후 누룩 물을 부어 3~4일 발효시킨 밑술과 함께 비빔밥 비비듯이 혼합하여 50일이 되면 써지고, 저온에서 100일 동안 숙성시켜 용수를 박아두면 맑은 술의 한산소곡주가 완성된다.

소곡주는 숙성시키는 과정에 발효가 더 잘 되게끔 넣는 엿기름과 맛과 향을 내기 위한 들국화, 쉬지 않게 방지한다는 메주콩, 잡귀를 물리치고 부정을 방지하는 주술적 의미의 홍고추 등이 들어간다. 이렇게 많은 재료가 약 3달여간 어우러진 덕분에 발효과정에서 재료의 당분이 소실되는 일반 술과 달리 완성되고서 더욱 그윽한 단맛과 술맛 끝에 은은한 향이 돈다.

조옥화, 김연박

대한민국 식품명인 제20-가호

민속주 안동소주

멥쌀과 밀, 물만으로 만드는 민속주 안동소주는 크게 4단계를 거쳐서 만들어지는 전통식 소주다.

안동소주의 술맛을 좌우하는 것은 다름 아닌 누룩이다. 전통방식의 누룩을 만드는 방법은 생밀을 씻어서 말리고, 맷돌로 간 통밀가루와 물을 반죽해서 원형의 누룩 틀에 모시 보자기를 깔고 발로 밟아가며 성형을 해준다. 그 이후 20일 동안 건조시키고 띄운다. 누룩 반죽 사이에 물과 버무리지 않은 통밀가루를 같이 넣어준다면 숨 구멍이 생겨 발효도 더 잘되고, 누룩이 질게 되었을 때 수분을 빨아들여서 누룩이 썩지 않게 한다. 또한 띄우는 동안 나쁜 세균이 들어가지 못하게 발로 꾹꾹 밟아가며 누룩을 단단하게 성형해야 누룩이 잘 뜨기 때문에 주의해야 한다. 누룩의 두께는 4~5.5㎝ 사이가 좋다.

20일 띄운 누룩을 파쇄하여 사용하는데, 쌀을 불려 시루에 찐 멥쌀 고두밥을 식혀서 누룩과 버무려 항아리에 넣고 20일 동안 발효시켜 자연스럽게 숙성시킨다.

이후 발효된 전술을 솥에 넣고 냉각기의 차가운 물에 의하여 냉각되어 소주고리관을 통해 나온다. 이러한 증류식의 방법으로 갓 흘러나온 소주는 75%의 고도주이다.

조옥화 명인의 안동소주는 그윽한 향과 알알함 뒤 깨끗한 끝 맛을 자

랑하는데 이는 친정과 시댁에서 전해 받은 안동소주의 가양법에서 장점만을 뽑기 위해 학술적, 실무적으로 연구해 얻어낸 노력의 산물이다. 조옥화 명인은 이후 맛있는 안동소주의 연구에만 그치지 않고 '안동소주 박물관'을 설립해 안동소주뿐만 아니라 안동의 유물, 안동의 음식문화와 안동지역의 가양주 등의 정보와 전시를 제공하고 있다. 현재 인터넷을 통한 사이버 박물관으로도 진행하고 있어 어디서든 간편하게 많은 정보와 문화를 볼 수 있다.

양대수 추성주

대한민국 식품명인 제22호

담양의 정기를 담은 술로써 사찰에서 빚던 곡주로 새로 태어난다는 뜻을 가진 추성주는 술을 좋아하는 사람이라면 대부분이 아는 술이다. 술 안에 담겨있는 복잡하고도 깊은 술의 향과 깊이를 맡는다면 술을 잘 아는 누구도 추성주를 부정하지 못하게 된다.

남원 양 씨 가문 전래의 추성주 제조방법에 가장 큰 핵심은 법제 된 좋은 한약재의 비율과 숙성이다. 법제란 원료를 다루는 것을 말한다.

양대수 명인의 추성주에 갈근, 구기자, 상심자, 오미자, 두충, 산약, 연자육, 우슬, 육계, 의이인, 창출 등 11가지 한약재가를 1차 2차 과정으로 들어간다. 이 과정에서 좋은 약재를 어떻게 다루느냐 따라 좋은 술맛의 차이가 크다고 설명했다.

추성주는 1차로 들어가는 7가지의 약재들을 주정을 섞어 함께 덖으며 불순물들을 제거한다. 1차 과정이 끝나면 발효주를 넣고 2차로 열매와 같은 재료들을 넣어 같이 증류시킨 후 한약재 추출물을 다시 가미해 또 한 번 숙성시키고, 항균·탈취 작용이 있는 담양의 정기를 담은 대나무 숯으로 여과해 뒤끝의 개운함을 다듬는 방식으로 만들어진다.

이러한 과정을 통해 만들어진 대한민국 식품명인 제22호 양대수 명인의 추성주는 법제 된 한약재의 향과 은은한 전통 누룩의 향을 깊게 표현한다. 또한 보통의 약주들과 달리 보관 기간이 짧지 않고 오히려 시간이 흐를수록 깊은 향을 담은 맛이 더욱 좋아지는 특징을 가지고 있다.

현재 양대수 명인은 (사)한국전통식품명인협회의 회장직을 맡고 있다. 또한 추성주뿐만 아니라 현대식에 알맞은 맛의 타미앙스, 대잎술, 대통대잎술, 티나(TINA) 등 다양하게 연구·출시하면서 젊은이들의 입맛을 일깨워주고 전통주에 대한 관심을 키워나가고 있다.

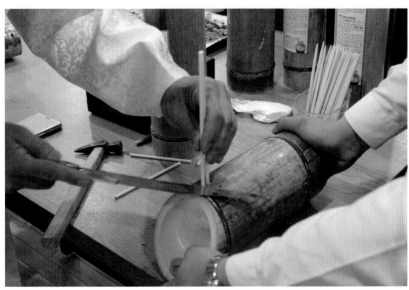

박흥선

솔송주

대한민국 식품명인 제27호

400년이 넘는 전통을 가지고 있는 솔송주는 조선 시대 하동 정 씨 가문의 가양주이다. 대한민국 식품명인 박흥선 명인은 하동 정 씨 16대손 며느리로 들어와 시어머니에게 비법을 전수받았다.

솔송주는 찹쌀과 누룩, 송순, 솔잎을 주원료로 만든 술이다. 그렇기에 술을 마시면 청량함과 은은한 솔 향기가 입안을 가득 채워준다.

박흥선 명인의 솔송주에 쓰이는 송순은 4월 말부터 5월 초까지 빠른 기간 채취하여 거둬들인 것이다. 이는 새로 돋아난 소나무의 순이고, 떫은맛이 적고 향이 뛰어나다. 이렇게 채취하고 찐 송순과 6~7월경에 만든 누룩 그리고 함양에서 나는 좋은 쌀과 좋은 물로 솔송주가 만들어진다.

만드는 방법은 멥쌀을 깨끗이 씻어 3~4시간 정도 불리고 물기를 빼서 고두밥을 찌고 누룩과 물을 잘 섞어 발효시키면 밑술이 만들어진다. 누룩은 밑술에서 한 20% 정도를 사용하고 덧술 할 때도 5% 정도 사용한다. 준비한 밑술과 함께 고두밥과 누룩, 송순을 섞어 잘 치대주고 나서 25도 정도에서 발효를 시켜준다. 약 21일 정도 숙성시키고 걸러 낸 후 이틀 정도 냉장 보관하면 건더기는 가라앉고 윗부분은 맑게 되는데 이는 약주가 되고 아랫부분은 탁주로 마실 수 있게 된다.

또한 계절에 따라 발효 기간과 온도조절을 달리하는 것도 중요하다. 일반적으로 겨울에 발효 기간을 좀 길게 하고 여름에는 좀 짧은데, 발효 기간이 짧은 여름일수록 온도조절이 더욱더 중요해진다.

달 감, 붉은 홍, 이슬 로의 감홍로(甘紅露).

조선의 3대 명주 중 하나로서 이 감홍로는 예로부터 《별주부전》, 《춘향전》 등에서도 나오는 것으로 보아 그 전통과 귀함을 알 수 있다.

감홍로에 들어가는 여러 가지 약재 중 용안육, 계피, 진피, 정향, 감초, 지초, 생강이 주원료이다. '용안육'이라는 약재가 단맛을 나게 하는 역할을 하고 몸을 따뜻하게 해준다. '지초'는 술에 넣게 되면 갈변되고 자칫 술맛을 떨어뜨린다고 해서 지초의 양을 최소화해서 현재의 감홍로 색깔을 내게 됐다.

멥쌀과 메조를 넣고 1차 증류 후, 15일이 지나 숙성된 후 안정화 기간을 가지고 재차 증류하여 2차례나 증류된 안정화된 기간을 거친다. 그 후 술에 7가지 약재들을 넣고 다시 1년 6개월 숙성시켜야 비로소 완성되는 귀한 술이다. 기다리는 기간이 비록 어렵고 힘들지만 몸을 보온하기 위해 만들어진 감홍로는 술이 목구멍으로 넘어갈 때 화한 느낌이 들 수 있는데, 차차 목에서 배까지 타고 내려가며 혈액순환이 되고 속에서 따뜻한 기운이 온몸으로 퍼져가는 것을 느낄 수 있다. 이는 40도인 술의 높은 도수 때문이 아니라 약재 때문이라고 볼 수 있다.

현재 유일무이하게 이 감홍로의 비법을 책임지고 있는 이는 대한민

국 식품명인 이기숙 명인이다. 대대로 내려오는 감홍로의 비법을 어렸을 때부터 어깨너머 보고 배웠다고 한다. 이 붉은 술을 한 모금 마시면, 첫맛은 계피 향이 맴돌며 차츰 단맛이 돌고 시원하면서 따뜻하며, 약재의 향과 더불어 오묘한 향이 입안을 가득 채운다.

2019 서울국제주류박람회 식품명인 참가

송명섭

대한민국 식품명인 제48호.

죽력고

죽력고는 조선 시대 3대 명주로서 이강주, 감홍로와 이름을 같이하며 현재까지도 인정받고 있는 술이다. 《춘향전》, 《오하기문》 등 많은 전통문학에 나와 찬양될 정도로 맛이 깊고 대나무 향이 입안에서 펼쳐진다.

이러한 죽력고를 주재하는 송명섭 명인은, 타 전통주처럼 같은 이름의 술을 담고 있는 이는 많으나 그중 전통을 인정받고 뛰어난 실력을 통하여 대한민국 식품명인으로 지정된 것이 아니다. 천하에 죽력고를 제조할 수 있는 이는 오로지 송명섭 명인이 유일무이하다. 그러나 송명섭 명인은 안주하지 않고 제조에 영혼을 실어 뛰어난 맛을 창조해낸다. 죽력고의 제조는 어려운 것으로 유명하다. 이러한 이유가 죽력고를 이어온자가 송명섭 명인뿐인 이유일 것이라 생각된다.

죽력고 제조방법은 이러하다.

대(竹)기름이라고 하는 '죽력'은 병들지 않은 3년 이상의 튼실한 대나무를 마디와 마디 사이를 잘라 잘게 쪼개서 대나무 잎과 가지를 항아리에 가득 넣고, 흘러나오지 않게 입구를 막고 맞닿은 항아리 입구 사이사이를 젖은 한지로 틈을 메워 막는다.

그리고 강한 열기를 차단하고 원적외선 발생을 위해 황토로 만든 반죽을 항아리 전체에 바르고 콩 떼를 둘러 불을 지핀다. 왕겨를 부어 서서히 불이 타들어 가도록 하여, 왕겨가 다 타고 스스로 불이 다 꺼지고 하루 정

도 지난 뒤 항아리가 식으면 황토를 털어내고 자배기와 분리하여 대나무
에서 흘러나온 수액 같은 죽력이 완성된다. 이렇게 만들어진 죽력에 대잎,
솔잎, 생강, 석창포, 계심(육계)을 담그고 3~4일 동안 재워 숙성시킨다.

　　숙성 후 재워놓은 약재를 소주고리에 넣고 대나무로 입구를 막고 저
온 발효 숙성 후(18% 이하)로 30일간 숙성 후 술덧을 넣고 석 달간 모든
과정을 거쳐야만 약간 저온불로 6~8시간 눕지 않게 증류한다.

산성막걸리

최근 막걸리에 관한 관심과 선호도가 날로 높아지고 있다. 그러면서 주목을 받고 있는 것은 국내 최초이자 유일한 막걸리 분야 명인인 유청길 명인의 '금정산성막걸리'이다.

유일하게 향토 민속주로 지정된 대한민국 민속주 1호 금정산성막걸리는 부산의 명소 중 하나인 금정산성마을에서 제조된다. 이곳은 해발 400m로 온도와 습기가 적절하게 유지되고, 또 술을 만들 때 깨끗하고 정순한 250m의 물을 이용하기에 이로 담은 술맛은 굉장히 깨끗하다. 국내산 쌀을 사용하여 누룩의 향이 남다르고 100% 고소한 맛이 난다. 도수 8도의 막걸리로 일반적인 시중 막걸리의 평균 도수가 6도이기에 조금 더 센 편이다.

우리나라 전통 누룩 중 하나인 금정산성 누룩의 특징은 바로 아직까지도 금정산성마을 아낙네들이 직접 발로 밟는 '족타식' 방법을 거쳐 제조된다는 것이다. 덧신을 신고 꼼꼼히 적당한 압을 주어 밟아주는 이 방법은 단순히 생각하는 것보다 훨씬 어렵고 높은 기술력을 필요로 한다.

호밀을 사용하는 금정산성 누룩은 반죽할 때 물을 잘 조절해나가며, 손으로 쥐었을 때 모양도 유지되는 수분 정도로 반죽해서 밀반죽을 그릇에 담고 베보자기에 싸서 꽈리를 잘 틀어준다. 그 후 발뒤꿈치로 중앙에서 반죽이 잘 펴지게끔 해주고 마지막에는 공기가 잘 빠져나가도록 평평하고 동그랗게 모양을 만들어 줘야 한다. 발로 밟아 모양을 만들어 잘 디딘다. 실내 온도 38℃를 연중 유지하는 누룩방에서 발효와 숙성을 하는 데, 자연발효로 잘 띄어지기 위해 곰팡이 균인 노란균이 나도록 온도를 잘 조절해야 잘 띄워진다. 그 상태로 2달 정도 숙성시키면 완성이다.

김견식

대한민국 식품명인 제61호

병영소주

병영소주는 과거 군사지역이라는 특성을 가진 강진 병영에서 탄생한 것으로 알려져 있다. 강진은 예로부터 귀리가 많이 나던 지역으로, 지역민들은 보리로 가양주를 내려 마셨다. 당시 병영지역의 장군이나 사또들이 즐겨 마시는 술이었다고 한다.

일반적으로 쌀보다 보리는 발효가 어렵기 때문에 보리로 술을 만드는 것은 굉장히 어렵다. 국내산 햇보리 100%를 사용하여 우리 밀 누룩과 함께 담그고 약 3주 이상 숙성시켜서 특유한 보리 향의 고소하고 은은한 향취를 입안에서 느낄 수 있다. 병영소주는 효모를 사용하지 않고 밑술, 덧술까지 다 보리로만 사용하여 삼양주로 빚어지며 증류와 여과의 과정을 거친 후 1년 이상 숙성시킨 술이다.

병영소주는 40도의 증류식 소주로서 높은 도수에 젊은 세대가 처음엔 부담스러워할 수 있다. 하지만 한번 마셔본다면 위스키를 많이 접해본 요즘 젊은 세대의 입맛에는 다른 전통주들보다 보리몰트와 같은 향이 친숙하게 다가오고, 하이볼이나 칵테일의 재료로도 다양하게 사용하여 즐길 수 있다.

이와 같이 새로운 특색의 전통주인 병영소주는 대한민국 식품명인 김견식 명인에 의하여 전통과 신념이 지켜지고 있다. 김견식 명인은 한국의 보리재배 수급량이 전체적으로 적다는 리스크를 가지고도 좋은 재

료를 통한 좋은 술을 만들기 위하여 이윤을 제쳐두고 오로지 국내산 햇보리 100%만을 사용한다. 명인의 이러한 노력을 통해 전국에서 신선하고 좋은 병영소주를 만날 수 있게 되었다. 또한, 명인의 병영소주에 대한 사랑을 보면 700년 전통의 병영소주 3대 전수자로서 내려받았었던 신념과 자부심, 책임감으로 전통을 이어가는 김견식 명인의 열정을 엿볼 수 있다.

강경순

대한민국 식품명인 제68호

오메기술

오메기술은 제주도의 대표적인 전통주로서 강경순 명인의 어머니는 오메기술의 원천제조기술 보유자다. 곁에서 항상 어머니를 도우다 세월이 흘러 자연스레 전수자가 되었다. 오메기술과 희로애락을 같이 한 강경순 명인은 자신을 힘들게도, 지치게도 했던 오메기술에 정통하게 되어 명인의 자리까지 올랐다. 그 이후에도 끝없는 연구와 실험을 통해 경지를 올려 이제는 오메기술하면 강경순 명인이 떠오르게 하였다.

제주도는 지형 특성상 벼농사가 어려워 떡을 빚을 때 그를 대신하여 좁쌀을 많이 사용하였다. 오메기술은 좁쌀 중에서도 약간 푸른색을 띠고 찰기가 있는 차조를 사용하는 단양주로 24절기 중 상강(음력 10월 24일)이 지나서 새 좁쌀로 빚어야 좋다. 이 술은 오메기떡에서 비롯된 것으로 오메기술이란 이름을 가지게 되었다.

먼저 떡을 만들기 위하여 8시간 정도 물에 불린 차조는 물기를 빼고 고운 가루로 만든 다음 뜨거운 물로 익반죽하여 구멍 떡을 빚는다. 구멍떡은 한꺼번에 넣고 삶지 않고 한 개씩 천천히 물속에 넣고 구멍떡이 수면 위로 오르면 건져낸다. 이후 으깨는 과정이 이 오메기술의 가장 중요한 부분 중 하나인데 뜨거울 때 주걱으로 빠르게 으깨 떡이 굳어지지 않고 된죽처럼 만들어져야 한다.

떡을 식힌 뒤에 누룩 가루와 고루 치댄 다음 부드러워 지면 항아리에

담아 7~8일 정도 발효시키는데, 술을 안칠 때 댓잎(생것)을 술독 맨 밑에 한 켜 깔아주면 술이 지나치게 끓는 일이 없다. 이를 하루에 4~5번씩 저어주면서 발효시킨다. 누룩은 제주 보리를 맷돌에 갈아 물에 담가 불린 후 납작한 육면체 메주 모양으로 뭉친 다음 볏짚으로 덮어 봄 기준으로 15~20일쯤 지나면 누룩이 완성된다. 봄에서 여름철에 주로 빚어 마시는 오메기술은, 온도가 높은 날은 술이 지나치게 끓어올라서 산패될 수 있으니 조심해야 한다.

김택상

대한민국 식품명인 제69호

삼해소주

삼해주는 한양에서 생겨난 전통주로 술 빚는 시기에 따라 이름을 지은 술이다. 음력으로 정월 첫 해일 해시에 빚기 시작하여 일정한 시기를 간격으로 해일 해시에 총 3번 술을 빚는다고 한다. 해일 해시에 나오는 해(亥)는 12번째를 말하면서 돼지라는 뜻을 가지고 있다. 옛말로 돼지의 선혈은 맑고 곱기 때문에 이 해일 해시에 술을 담아 맑고 고운 술을 빚자는 마음에서 술 빚는 시기를 정하여 빚는다는 이야기가 있다.

김택상 대한민국 식품명인은 술을 빚는 시기와 온도, 환경이 술의 맛을 다르게 한다고 설명했을 정도로 중히 여기고 조심했다.

삼해주 제조방법은 멥쌀을 백세하여 3시간 이상 충분히 불린 후 물기를 빼고 쌀가루를 내어 뜨거운 물로 익반죽하여 덩어리가 없는 된죽으로 만들어서 식히고, 식힌 된죽에 누룩을 넣고 죽이 주르르 흘러내릴 때까지 치댄 후 항아리에 담아 발효시키는 것으로 시작한다. 그 이후 항아리는 15℃ 정도의 서늘한 곳에 3~5일 보관하고 매일 1~2회 정도 저어준다. 밑술이 거의 물이 되고 단맛이 돌면 밑술이 완성된다. 다 익은 주모를 체에 걸러서 누룩 찌꺼기가 걸러지면, 찐 고두밥을 차갑게 식힌 다음 누룩과 함께 잘 치대고 섞어준다. 15~20℃ 사이 온도에 보관하면 36시간 정도 지나 끓는 술 익는 소리가 난다. 첫술이 발효되어 찌꺼기를 거른 후 항아리에 담고, 백세한 찹쌀을 쪄서 차게 식힌 후 누룩과 첫술 찌꺼기를 거른 물을 어리가 없을 때까지 손으로 충분히 치댄 다음 2차 덧술을 섞어준다. 3차 덧술은 같은 방법으로 덧술 빚기를 반복한다.

명인으로서 삼해주의 비법에 전통성을 잃지 않아야 한다는 철학과 신념으로 이윤을 낼 수 있는 대량생산을 피하고 정성을 다하여 소량생산을 유지하고 있다. 또한 술 빚는 시기가 중요하고, 만드는 기간과 과정이 어려우면서 오래 걸리기에 그만큼 귀하고 정체성이 뚜렷한 것이 술의 특징이다. 이렇게 세심하고 정성스러운 제조 과정을 거친 삼해주는 타 전통주보다 맑고 밝은 색을 자랑하며 아름다움을 자랑한다.

곽우선

설련주

대한민국 식품명인 제74호

설련주는 찹쌀과 멥쌀, 누룩, 맑은 물과 연꽃, 연잎을 이용하여 만든 삼양주로서 약간은 서늘하면서 포근한 햇빛이 피부를 감싸주는 6월에서 7월에 백련이 만개한다. 곽우선 명인은 만개하는 백련을 따서 급랭시켜 백련의 아름다움을 보관하며 설련주를 빚을 준비를 한다.

설련주는 진흙 속에서 때를 기다리다 여름이 다가오면 꽃을 피우는 것처럼 향이 술에 잘 배어나길 기다려야 하는 것이 특징이다.

밑술을 담가 3일 단위로 2번 덧술을 함으로써 총 3차례 술을 담는데 마지막 덧술을 할 때 연꽃, 연근, 연자를 넣으며 향과 맛을 마무리한다. 이후 저온으로 3~4개월 정도를 발효, 숙성시킨다.

300년의 전통을 가지고 있는 광주 이 씨 가문의 가양주인 설련주는, 시어머니로부터 비법을 전수받은 9대손 이기진의 부인인 곽우선 대한민국 식품명인에 의하여 지켜지고 있다.

곽우선 명인은 전통적인 가문의 비법뿐만 아니라 연잎에 누룩을 싸는 방식으로 수분 증발을 막아 발효력을 높이는 방법, 연꽃을 급랭시키는 법 등 많은 노력을 통해 연구를 진행하고 설련주를 발전시키고 있다.

이러한 노력을 통해 만들어진 산물인 설련주는 은은한 단맛과 깊은 백련꽃의 향이 가득하여 여름을 연상시킨다.

김용세

연잎주

대한민국 식품명인 제79호

사찰에서 빚은 술은 예로부터 술이 아닌 차와 같다 하여 일반적으로 '곡차'라 불리었다. 김용세 대한민국 식품명인이 주재하는 연잎주 또한 이러한 곡차의 종류 중 하나로 백련 곡차란 이름으로 불렸다.

김용세 명인은 세월이 흐르면서 세대 간의 술 문화 차이가 사라지고 젊은이들도 전통주와 막걸리 등 다양한 문화적 술을 찾고 애정을 갖게 되면서 전통을 지켜나가면서도, 그에 안주하지 않고 현대의 사회와 소통을 지속하며 발전해나가야 한다는 것을 기반으로 백련 막걸리와 백련 맑은 술을 개발했다. 그리고 이는 백련 곡차의 현대적 복원이라고 표현했다.

연잎 특유의 향과 단맛으로 많은 사람의 사랑을 받고 있는 연잎주는 연잎이 만개하는 7월에서 8월에 백련 연잎을 채취해 최대한 신선하게 잘 말려 덖은 후 부숴서 숙성기간에 넣는다. 이후 넣은 연잎에 대한 여과 과정을 거친 후 완성한다.

제5절 명인의 술

김희숙   고소리술

대한민국 식품명인 제84호

고소리술은 좁쌀과 보리쌀을 주재료로 하고 누룩을 부재료로 하여 술을 빚은 다음 밑술을 증류시켜 이슬처럼 맺히는 술을 받아낸 소주이다. 고소리술이란 명칭은 증류기인 고소리에서 유래된 것이며, 고소리에서 이슬처럼 내린다 하여 노주(露酒) 또는 한주라고 불리기도 한다.

제주의 대표적인 고소리술은 제주의 풍토적 조건을 가진 밭농사에서 생산한 잡곡을 주원료로 하여 빚는 술이기에 쌀 술에서 맛볼 수 없는 깊고 풍부한 맛과 향을 느낄 수 있다. 예로부터 지체 높은 집안일수록 고소리술을 애용해 왔다고 한다.

고소리술은 차조 가루를 익반죽하여 끓는 물에 삶은 오메기술떡을 넣어 으깬 후, 전통 누룩과 햅쌀 고두밥을 섞어 치대어 오랜 발효과정을 거친 후 증류하여 장기간 저온 숙성을 거쳐 완성한다. 일체의 인공재료나 첨가물이 들어 있지 않고 모든 과정을 수작업으로 빚는 순수한 최고급 약주이다. 여기서 김희숙 명인의 전통방식에 대한 사랑과 애정을 느낄 수 있다.

바쁜 어머니를 대신해 집에서 만든 고소리술 향으로 어머니의 그리움을 달랬다고 하여 '모향주'라고도 불린다. 이런 고소리술은 40도의 고도주이지만, 특유의 단맛과 향이 조화로워 부드럽게 넘어가며 처음 마셔도 부담 없이 친숙하고 고급스러운 느낌이 강하다.

박준미

대한민국 식품명인 제88호

청주신선주

청주신선주는 먼저, 찹쌀을 맑은 물이 나올 때까지 백세하여 3시간 정도 침미하고 3시간 후 여러 번 씻어 내고 물기를 빼 시루에 40분 동안 찌고 10분 뜸을 들인다. 고두밥을 25℃ 정도로 차게 식힌 다음 누룩, 약재 달인 물과 적당히 혼합해 항아리에 입항하고, 25℃ 정도에서 발효시켜 7~10일 뒤에 술이 익으면 채주하여 숙성시킨다.

16%의 황금색 맑은 술을 여과하여 발효 기간 2개월과 숙성기간 3개월을 거친 뒤 제사 지낼 때 쓰는 제주로 쓰이는 전통 청주가 있고, 청주를 소주고리로 한 방울씩 직접 내린 화덕향과 순곡향, 약재향이 오랜 숙성으로 잘 어우러져 높은 도수 42%의 맑고 투명한 증류주를 12개월의 숙성기간을 가지면 충북무형문화재 제4호로 지정된 부드러운 신선주가 태어난다.

청주신선주는 생약재인 10가지 이상의 약재(감국화, 우슬, 하수오, 구기자, 맥문동, 생지황, 숙지황, 인삼, 당귀, 육계, 지골피, 천문동)와 통밀(직접 재배한 토종 앉은뱅이 밀로 띄운 누룩), 물, 멥쌀, 청주산 찹쌀 등 자연재료로만 술을 빚는다.

이에 들어가는 10가지 이상의 한약재는 양기와 음기를 골고루 채워주는 약재들로 구성되어 있다. 또한 인공감미료를 비롯해 어떤 첨가물도 일절 사용하지 않는 자연발효법으로 빚어 귀빈접대용과 가족건강을 위한 약용주로도 쓰인다.

청주신선주 현암시 문합집

가루술_분말주

이강 가루술 Leegang P-alcohol 서론과 특허 증명서

액체의 술을 고체의 술로 만든 것을 분말주 또는 가루술(Powered Alcohol)이라 하는데 국내에서는 조금 생소하게 여기며 아직 미개척 분야에 있다.

본 연구소에서는 수년간 수 없는 연구실험을 통하여 고도주의 Leegang Powered Alcohol을 제조할 수 있는 지적 수준에 와 있어 특허 출원했다.

포집제인 엑스분 중 덱스트린으로 알코올을 피복시키고 이 피복된 분말주를 물에 녹여 원래의 술로 복원하는 원리이다. 피복제인 덱스트린이 첨가되어 기존의 액체 술과는 약간 다른 풍미의 술

이 나오고 이 중 제조원가의 상승으로 술로서는 경쟁력이 떨어지나 휴대의 간편성으로 산이나 강 또는 군사 작전 시 특수용으로 사용된다. 일반적으로는 식품 첨가물로 요리하는데 미림용 조미료용 분말주, 커피나 홍차에 첨가하거나 맥주나 와인에 혼합하거나 화장품의 보습제로 생활의 합리화에 따른 기호성의 첨가물로 상품 개선 첨가물에 적합하다.

등록사항
특허등록 제 10-1897190 호

발명자

조정형 (410219-*******)
전라북도 전주시 덕진구

조성심 (771029-*******)
전라북도 전주시 덕진구

이철수 (750729-*******)
전라북도 완주군 용진면

가루술의 제조기원과 배경

기원과 배경

분말로 된 알코올의 기원은 1977년 William. Clotwoethy이 "풍미를 가진 분말 개선"이라는 특허를 받았고, 1970년 일본 사토식품 공업(사토食品工業)에서 식품 첨가제로써 생산, 판매를 시작하였으며 1981년 분말주를 술에 포함시켰다. 2005년 독일 회사에는 4.8% 알코올 제품을 "Subyou"라는 상품으로 하여 온라인 판매를 하였으나 현재는 판매가 중단된 상태이다. 2010년 Pulver Spirits 씨가 미국 주류관리기관인 Alcohol and Tabacco Tax and Trade Bureau(TTB)에 분말 알코올에 대한 승인을 요청하였으나 각종 규제법에 묶여 현재 계류 중에 있다.

▲ 이강 가루술

일본에서 분말주 판매는 일반적으로 분말주 1kg을 0.76L 즉, 137KL를 100L로 환산하여 중량세율로 39도 1KL에 엔화로 294,300엔의 주세를 부과한다.

국내에서는 아직 생산, 판매 실적이 없으나 제도상으로 기타 주류로 분류되어 세율 72%의 주세 규정에 적용되는 주류로 분류된다.

분말주의 제조 원리

기본적으로 주류, 물, 수용성 엑스분(주로 덱스트린-dextrin과 같은 당질류)의 수용액을 만들고 분무 건조(Spray Drying)를 하면 순간적으로 액체 표면이 증발하면서 미세한 미립구 표면에 피막 물질의 농도가 증가되고 점차 피막 물질층을 형성하게 된다. 이 피막 물질은 선택성에 있어 물은 통과하여 증발시키나 에탄올은 통과되지 않는 원리를 이용하여 피막 에탄올 제품이 나온다. 여기에 풍미 성분을 가하여 생산 제품을 얻는다.

분말주의 용도

분말주는 단순히 음용되는 것뿐 아니라 저장, 수송, 취급이 용이한 장점을 지닌다. 식품 첨가물로 요리할 때 0.5~15% 정도 첨가하여 풍미를 조화시키는 조림용 또는 화장품 방부, 보전성의 향상에 사용되거나 커피나 홍차 등에 1~30% 넣어 마실 수도 있으며 케이크에 1~10% 정도 넣어 풍미 향상 등에 사용될 수 있다. 제일 많이 사용되는 것은 소주나 맥주에 블렌딩(blending) 하여 마실 때 사용되며 휴대의 간편성으로 깊은 산이나 낚시 여행, 전쟁터 등에 휴대하는 용도로 적합하다. 실제로 일본 사토식품공업에서는 1~12kg 포장단위로 생산 판매한다.

• 일본 자료

분류	제품	분말 술 이름	표준 사용량
과자	사탕, 크림, 과자	와인 등	제품에 대해 2.0~30.0%
	초콜릿, 푸딩, 젤리	와인, 브랜디 등	제품에 대해 0.5~1.0%
	케이크, 쿠키, 빵	와인 등	제품에 대해 0.5~1.0%
프리믹스	파운드 케이크	브랜디 등	제품에 대해 0.5~5.0%
	튀김가루	청주, 보드카 등	제품에 대해 0.5~5.0%
기호 음료	커피, 홍차	브랜디, 와인 등	제품에 대해 1.0~30.0%
기호 식품	테이블 설탕 (커피·홍차)	브랜디, 와인 등	제품에 대해 1.0~30.0%
	칵테일	브랜디, 와인 등	제품에 대해 1.0~30.0%
각종 수프	국물의 소고기양념, 포타주 수프, 라면 수프	미림, 청주, 보드카 등	제품에 대해 0.5~5.0%

분류	제품	분말 술 이름	표준 사용량
수산·축산·가공품	어묵, 진미, 햄, 소시지	미림, 청주 등	제품에 대해 0.5~2.0%
반찬	햄버거, 만두	미림, 청주 등	제품에 대해 0.5~2.0%
피클	절임, 간장 절임	미림, 청주 등	제품에 대해 0.5~5.0%
조림	조림, 표고버섯 다시마	보드카, 청주 등	제품에 대해 0.5~1.0%
농산가공품	잼	와인, 보드카 등	제품에 대해 2.0~30.0%
기타	분말 향료, 화장품	폭넓은 분야에서 이용할 수 있다.	

분말주 제조 공정

제조 공정 설명

① 오디원료를 발효하여 15% 숙성주를 만든다.

② 오디 숙성주를 증류하여 50% 증류수를 생산한다.

③ 오크통에 배, 생각, 울금, 계피즙과 함께 넣어 49.5% 오크 숙성을 시킨다.

④ 정제 주정(알코올 45%)과 혼합하여 분무 원액을 조제한다.

⑤ 분무 건조기(Spray Dryer)에서 Inlet Temp 103°C~140°C, Outlet Temp 63°C~86°C에서 조절하여 서서히 분무 건조하여 31.3% 알코올 분말을 얻는다.

⑥ 마지막 풍미 개선을 위하여 소량의 덱스트린, 배, 생강, 계핏가

루와 설탕을 가지고 적당히 맛을 조절한다.

⑦ 30% 분말주로 평준화시켜 분말은 증착 필름에 넣어 보관하고 기타 Tablet형 기포성 분말주는 케이스에 담아 보관한다.

별도로 요리 첨가용 분말주는 염을 넣어 만들고 증착 필름에 보관할 수 있게 한다.

분말주 도수 측정법

15℃ 검정한 100mL 메스플라스크의 눈금까지 취하고 이것을 약 300~500mL 플라스크에 옮긴 다음, 이 메스플라스크를 약 15mL의 물로 2회 씻은 용액을 플라스크에 합치고 냉각기에 연결하고 메스플라스크에 합치고 냉각기에 연결한 뒤 메스플라스크를 받는 용기로 하여 증류한다. 증액 용액이 70mL(소요시간은 약 20분 내외)가 되면 증류를 중지하고, 물을 가하여 15℃에서 메스플라스크의 눈금까지 채운 다음 잘 흔들어 실린더에 옮긴 후 15℃에서 주정계를 사용하여 측정한다.

주

1   메스플라스크 대신에 메스실린더를 사용하여 재취하고 그 실린더를 받는 용기로 하여도 좋다.

2   6-2 주1~2를 참조할 것이며 온도 보완은 [별표 2]에 따른다.

3 15℃에서 측정하기 곤란한 경우에는 물을 가하여 눈금까지 채우는 조작을 채취할 때와 같은 온도에서 행한다.

4 주정계는 한 눈금이 0.2도인 납 구부로 된 것을 사용하여야 한다.

5 분말주의 경우는 여러 부분에서 조금씩 채취해서 균일하게 혼합하여 시험재료로 하며 약 60g을 10mL 단위까지 정밀하게 무게를 달아 마개가 달린 200mL 플라스크에 넣어 물을 첨가하여 용해시킨 다음 물을 첨가하여 15℃에서 200mL로 한 후 검사재료로 하여 위와 같은 방법(6-4-1-1 시험조작)으로 증류하여 측정하고, 분말주의 알코올 분은 다음 식에 따라서 구한다.

알코올 분 = 측정 알코올 분 × 100 / 검사재료에 함유된 시험 재료량 × 환산계수

환산계수 = 검사재료에 함유된 시험 재료량 + 검사재료에 함유된 물의 양 × (1 - 검사재료의 비중) / 검사재료에 함유된 시험 재료량 × 검사재료 비중

세시풍속

절기주와 세시풍속

설날의 세주

설날에 여러 가지 술과 음식을 만들어 이웃끼리 나누어 먹고 새해 인사차 오는 손님과 친지에게 음식을 대접하는 풍속은 오늘이나 예나 변함이 없다. 이러한 연유로 설날에 세찬과 술을 장만하는 것은 가정에서나 볼 수 있는 일이다.

세찬이라는 말은 정초에 서로 주고받는 음식을 일컫는다.

세찬으로 보내는 물품은 대개 종류가 정해져 있었는데 쌀, 술, 어물, 육류, 살아 있는 꿩, 달걀, 곶감, 김 따위였다.

이때 빚어 마시던 술은 약주와 청주로 여름에 누룩을 만들어 준비하였다가 백미나 찹쌀을 원료로 하여 빚은 양주주가 많았다.

동동주, 삼해주 등 전통 향토주로 이름 높은 술을 빚기도 하고 김 씨네 술, 평양댁 술, 최 부자댁 술 등 집안마다 특색있는 술을 빚어 이집 저집을 방문하여 마시는 여유 있는 생활 풍속이 있었다.

각 가정에서는 자기 집안의 술맛을 자랑하기 위하여 정성도 많이 들였다. 옛날 법도 있는 집안의 규수는 12가지 장 담그는 법, 36가지 술 담그는 법을 배우는 것이 필수였으니 계절에 따라 술을 빚는 방법도 퍽 다양했다.

특히 정초에 마시던 술은 도소주라 하였는데 정월 초하룻날에 이 술을 마시면 1년간 사기를 없애 오래 살 수 있다고 한 인연에서 빚어 마셨다.

도수주는 위나라 때 화타(華佗)라는 중국의 명의가 만들었다고 전한다.

진 시대의 『형초세시기』에는 정월 초하룻날 온 집안이 함께 모여 차례로 세배하고 나이 적은 사람부터 이 도소주를 마신다고 하였으니 도수주의 유래는 오랜 옛날부터 시작하였다.

도소주의 기본 제조법은 찹쌀과 흰 누룩으로 청주를 만들고 이 속에 진피(귤껍질), 육계피, 백출, 방풍, 산초, 도라지 등을 함께 분말로 만들어 술이 고이기 시작할 때 넣어둔 후 이것을 술이 다 고인 후 맑아지도록 둔다. 맛은 조금 끈끈한 뒷맛이 있고 감미가 돈다.

우리나라 문헌인 『동국세시기』에도 도소주를 마신 것이 기록되어 있다. 일반화된 술은 아니나 신라 시대부터 전래된 것으로 추측된다. 또 중국의 학자 최식이 지은 『사민월령』에는 설날에 조상에게 간결한 제사를 지내고 초백주를 마신다고 했는데 이것이 세주의 시초라 할 수 있다.

정월 대보름의 귀밝이술

정월 보름날 아침 오곡밥을 먹기 전에 귀밝이술을 한 잔씩 마시면 한 해 동안 귀가 밝아지고 정신도 맑다고 믿은 까닭에 귀밝이술은 서민들에게 친숙한 술이었다.

귀밝이술은 이명주(耳明酒)라고도 하는데 귀가 밝아지는 것은 1년 내내 기쁜 소식만 전해 들으라는 기원이며 정초에 웃어른들 앞에서 술을 들게 되면 술버릇도 배울 수 있다는 연유에서 비롯되었다.

어린이에게는 귀밝이술의 잔을 입에만 대게 한 뒤 그 술잔을 굴뚝에 붓는 풍속이 있었는데 부스럼이 생기지 말고 연기와 같이 날아가 버리라는 우리 조상들의 지혜가 담겨 있다.

삼월 삼진날 봄놀이술

삼월 삼진날은 오늘날 강남 갔던 제비가 돌아오는 날이라는 정도 밖에 알려지지 않았지만, 옛날에는 큰 명절이었다.

이날은 교외로 나가 봄을 즐기며 노는 날로 정해져 있었으며 동쪽으로 흐르는 물에 들어가 몸을 깨끗이 씻고 굽이굽이 흐르는 물가에서 시를 지으며 봄놀이술을 마시곤 했다.

이때 제일 많이 빚어 마시던 술이 두견주인데 봄철 꽃인 두견화(진달래)를 떠서 빚은 양조주를 향과 함께 즐겼다.

서울 근교에서는 삼해주가 유독 많이 빚어졌으며 명문대가에
서는 사마주를 제일 많이 빚었다는 세시풍속 기록이 있다.

경주 포석정에는 지금도 그 흔적이 남아 있으며 고려 때에는
궁중의 뒤뜰에 여러 관원이 모여 굽이굽이 흐르는 물가에 둘러앉
아 상류 쪽에서 임금이 띄운 술잔이 자기 앞에 흘러오기 전에 짓고
잔을 들어 마시는 곡수연(曲水宴)이라는 놀이가 성하였다는 기록
도 있다.

청명일에 마시는 청명주

음력 3월의 청명일(淸明日)에 마시는 술이라서 청명주라 한다. 이
때가 되면 살구꽃이 피기 시작한다. 청명주의 본고장은 충추의 금
여울이었다고 하는데, 이곳은 물이 좋고 조정이나 서울로 수송되
는 각종 물품이 모여 운반되는 나루터였다. 탄금대와 청금대가 마
주 보고 있으며 수안보 온천과 문경새재, 단양팔경이 위치한 곳으
로 많은 사람의 내왕이 있었다.

청명주(淸明酒)는 21일 동안 발효하여 빚는 청주인데 엿기름을
사용하여 단맛을 내서 술을 많이 못 하는 사람도 즐길 수 있었으며
청명날은 한식날과 겹치거나 그다음 날이 한식날이어서 한식 제
주용으로도 많이 쓰였다.

두레에 새참으로 마시던 농주

농사일이 바쁠 때 서로 협동하면서 일의 능률을 높이기 의한 공동 작업으로 '만두레' 또는 '품앗이'가 있는데 곡창 지대인 호남에서 제일 많이 성행하였다.

농가에서는 한 사람 또는 두세 사람의 일꾼을 내어 두레꾼을 만들어 차례를 정하고 모심기 등 작업을 함께 했다. 그리고 두레꾼의 점심과 술은 작업을 시키는 집에서 준비하는데 이러한 협동 작업은 서로가 의좋게 살아가는 데 큰 도움을 주었다.

이때 나오는 술은 호남과 영남, 중부 지방에서는 누룩과 쌀로 빚은 지금의 탁주였으며 강원도에는 옥수수술, 제주에서는 좁쌀을 원료로 한 오메기술이었다.

단오날의 창포술

음력 5월 5일 단오는 설, 추석과 함께 우리나라 3대 명절 중 하나다. 이 시기에는 만물의 생기가 가장 왕성한 때이기에 단옷날을 '천중절'이라고도 부른다.

고려 시대 남자들은 공차기와 편싸움을, 여자들은 그네뛰기를 하였으며 이런 풍습은 조선 시대까지 이어져 왔다. 일반 가정에서 여자들은 창포 삶은 물에 머리를 감고 약수터 같은 곳에서 물맞이를 한다. 지금도 강릉과 전주 등지에서는 단오절 행사가 크게 행해지고 있다.

▲ 창포꽃

특히 창포주는 단오에 마시는 술이라고 하는데, 이 술을 마시면 창포의 향기로 모든 병을 쫓는 것으로 믿어 왔으며 고려 시대부터 만들어졌다고 한다.

창포주는 창포가 한창 향기를 낼 때 빚어지는 술로, 그 제조법은 찹쌀로 빚은 청주에 단오 며칠 전부터 창포 뿌리를 잘 다듬어 주머니에 넣고 그것이 술에 닿지 않게 술독에 매달아 밀봉해 두었다가 숙성이 되어 창포향이 스며들면 마시는 술이다.

6월 보름의 유두음

6월 보름을 유두일(流頭日)이라 하는데 이날 동쪽으로 흐르는 시원한 개천가에서 술을 마시는 것을 유두음(流頭飮)이라 한다. 신라 때부터 이러한 풍습이 전래되었는데, 더위를 피하기 위해 물가에서 하루를 즐기며 술을 마시고 피로를 푸는 날이었다. 고려 명종 때 시어사(고려시대 어사대의 종5품 관직) 두 사람이 환관 등을 데리고 동류수가 흐르는 개울로 나아가 머리를 감으며 물속까지 들어가 술을 마셨다는 기록과 신라 때 오미자술로 유두음을 하였다는 기록이 있으나 이 술의 제조방법이나 재료에 대한 기록은 없다.

이 풍속은 조선 시대까지 계속되어 토속적인 명절이 되었으며 경주와 상주에는 아직도 이런 풍속이 남아 있다.

백중놀이의 농주

음력 7월 15일은 백중(百中) 또는 백종(百種)이라 하는데 이때는

농사가 끝나는 날로 머슴을 백종장에 보내어 마음
껏 쉬게 하였으므로 머슴의 날이라고도 하였다. 근
래에 와서는 이 모든 풍속이 사라졌으나 옛 풍속으
로는 상당히 큰 명절의 하나였다.

이날의 세시풍속 가운데 호미 씻기가 있는데 주
인집에서는 술과 음식을 장만하여 머슴들이 노래
하고 춤을 추며 하루를 즐겁게 보내도록 배려했다.

놀이 중 몇 가지 재미있는 것은 그해 농사가 잘
된 집의 머슴 중에서 우두머리 머슴을 뽑아 황소에
태운 다음 여러 머슴이 에워싸고 노래하고 춤추며
마을을 돌면서 노는데 이때 그 집 주인은 술과 음식
을 차려 이들을 대접하기 마련이었다.

▲ 밀양 백중놀이
'문화재청'에서 1980년 작성하여
공공누리 제 1유형으로 개방한
'밀양 백중놀이(작성자 : (사)국가
무형문화재 제68호 밀양백중놀이
보존회)'를 이용하였습니다.

또 그해 스무 살이 된 젊은 머슴이 있으면 성인 머슴에게 한턱
내기도 하는데 이제 어른 취급을 해 달라는 일종의 신고식이었다.
그리고 백중일에 제일 재미있는 놀이는 소먹이놀이라 하겠다.

두 사람의 청년이 궁둥이를 서로 맞대고 엎드리면 그 위에 멍
석을 씌운다. 그리고 앞쪽 사람은 두 개의 막대기로 쇠뿔의 형상을
만들고 뒤쪽 사람은 한 개의 막대로 소 고리 모양을 하고 잘사는
사람 집을 찾아 소 울음소리를 내며 "이웃집 소가 배가 고파서 왔
습니다. 짚여울과 입 쌀뜨물(술)을 어서 좀 주십시오" 하고 소리치
면 그 집 주인은 일행을 맞아들여 걸걸한 농주와 준비한 안주를 대
접했다.

이렇게 마을을 돌면서 밤이 어둑해지도록 취했는데 이 놀이는
그해 농사를 잘되게 해 달라는 뜻과 지난해 농사에 대한 수고를 위
로하는 뜻을 아울러 지니고 있었다. 이 소먹이놀이는 황해도 지방

에서 성행하였던 놀이로 전해 내려온다.

한가위의 동동주

추석은 음력 8월 15일로 한가위 또는 가위, 가윗날이라고 하며 중국에서는 중추절(中秋节)이라고도 한다. 이날은 햇곡식으로 만든 술과 햅쌀로 밥을 지어 조상에게 제사 지내며 선조의 산소에 성묘한다.

성묘가 끝나면 햇곡식으로 빚은 신곡주(新穀酒)와 음식으로 놀이를 즐기는데 이때 빚어졌던 술은 다양하였다. 그중 가장 많이 빚어진 술은 동동주였다.

동동주는 찹쌀과 누룩을 원료로 빚은 술로 쌀알의 흔적이 동동 뜨고 약간 감미가 있어 누구나 쉽게 만들 수 있고 가볍게 마실 수 있어 매우 친숙하게 빚어졌던 술이다.

중양절의 국화주

음력 9월 9일은 중양절(重陽節)이라고 부른다. 우리나라에서는 신라 때부터 9일을 숭상했는데 고려 때는 이날을 나라의 명절로 정해 잔치를 벌였다고 한다. 조선 시대에도 대체로 고려 때의 예법이 이어져, 세종 때에는 명절로 내세우고 성종 때에는 노인을 위한 잔치인 기로연(耆老宴)을 열었으며 부녀자들은 약수터로 가느라고 분주하였다.

이때는 국화가 만발한 날이기 때문에 국화전을 만들어 먹는다

든가, 국화를 베개 속에 넣으면 풍병이 없어진다는 등 국화와 관계
된 풍속이 많았다. 특히 멋을 즐기는 선비들은 경치 좋은 산에 올
라가 단풍과 들국화를 감상하며 시를 읊조리고 들놀이를 즐겼다.
이때의 국화주는 봄의 진달래술과 함께 가을을 대표하는 계절주
였다.

세계의 음주문화

세계의 음주문화

세계 각국의 건배 구호

술을 마시는 자리에서 화기애애한 분위기를 고조시키기 위해 건배 구호를 외치는 것은 어느 나라나 마찬가지다. 우리나라는 그동안 흔히 쓰이던 '건배'라는 구호 대신 요즘엔 '위하여', '지화자' 등 우리 고유의 흥겨움이 담겨있는 구호가 많이 쓰인다.

외국의 경우 미국이나 영국에서는 '치어스(cheers)'를 쓰고, 일본에서는 '간빠이(かんぱい)', 독일과 네덜란드에서는 '프로시트(Prosit)', 프랑스에서는 '아보뜨르상떼(À votre santé)', 중국은 '칸페이(干杯)', 캐나다는 '토스트(toast)', 스페인은 '살룬(salud)', 러시아는 '스하로쇼네'나 '즈다로비에'라는 건배 구호를 통해 술자리의 흥을 돋운다.

해외여행이 보편화된 요즘 여행지에서 우리 고유의 건배 구호인 '위하여', '지화자'를 외국인들에게 알려 주고 건배를 제의해 보면 재미있을 것이다.

일본의 음주문화

일본 직장인들이 찾는 대표적인 선술집은 '술이 있는 곳'이라는 뜻의 이자카야다. 이런 대중적인 술집은 문 앞에 빨간 종이들을 내걸어서 눈에 잘 띈다. 직장 동료끼리 모여 술을 마실 때면 술잔을 돌리거나, 술을 강요하는 모습은 거의 찾아볼 수 없다. 각자 자기가 즐길 만큼 알맞게 술을 놓고 마시는 모습도 쉽게 눈에 띈다. 이른바 첨잔 방식이 일본식 음주문화다.

술자리는 보통 한두 시간 정도로, 다음 날 업무에 지장을 주지 않을 정도만 마시는 경우가 보통이다. 집들이 멀어서 '마지막 전차를 놓치면 큰일이 난다'는 현실적인 인식도 작용한다. 각자 주머니 사정을 생각하여 많이 시키지도 않는다. 따라서 일본의 선술집에서 큰소리를 내거나 취하여 주정하는 사람을 찾기는 쉽지 않다. 남에게 피해를 주는 일을 무엇보다 꺼리는 문화 속에서 형성된 술집 풍속도다.

이런 모습은 술값을 치를 때도 그대로 나타난다. 일행이 똑같이 나눠 내거나 자기가 시켜서 먹고 마신 것에 대한 값만 내는 것이 보통이다. 언뜻 야박하게도 보이지만 역시 남에게 신세 지기를 싫어하고 분수를 지키려는 일본인들의 합리성이 엿보인다.

중국의 음주문화

중국에서는 4,500여 종의 술이 생산되고 있고 이 가운데 명주(名酒)라 불리는 술로는 우리나라에도 널리 알려진 마오타이주, 죽엽청주 등이 있다. 이들 명주의 공통된 특징은 모두 45도 이상의 독한 술로 좋은 물과 품질 좋은 수수를 원료로 하는 순곡주가 대부분이다. 그러나 이와 같은 명주는 대부분 가짜가 많고 비싸기 때문에 사람들은 보통 우리나라에서 고량주라 불리는 백주(바이지우)를 즐긴다. 중국 역사에서 영웅호걸들은 대부분 술을 엄청나게 즐기는 호주가로 묘사되어 있다. 이런 영향으로 지금의 젊은이들도 술을 잘 마시는 것이 큰 자랑거리로 여겨지는 경향이 있다.

중국인들은 공적이건 사적인 일이건 대부분 술자리에서 결정한다. 특히 사업 관계로 상담 책임자가 술이 약할 경우, 우리의 술 상무라고 할 수 있는 배주원을 동반하는 경우가 많다. 이러한 음주 관습 때문에 중국의 주류산업은 매년 크게 성장하고 있으며, 전국에 4만여 곳의 술 공장이 있다.

백주는 대부분 쌀이나 보리, 옥수수 등 곡식을 주원료로 제조되는데 백주를 만드는 곡식은 연간 1,400만 톤이 넘는다. 이는 북경 시민과 국민 건강 보호 차원에서 '바이지우 덜 마시기 운동'을 전개하고 있다. 이와 함께 건강 보호 차원에서 백주보다 알코올 함량이 훨씬 낮은 과실주나 맥주를 마실 것을 관장하고 있다. 이에 따라 젊은 층을 중심으로 포도주와 맥주의 소비가 점차 늘어나고 있다.

미국의 음주문화

미국의 음주문화는 함께 어울려 술을 마시더라도 서로 잔을 권하거나 2차를 가는 일이 거의 없고 취해서 비틀거릴 정도로 마시는 사람도 드물다. 술값도 특정인이 사겠다고 선언하지 않는 한 각자 계산한다.

대부분의 술집은 '해피 아워'를 설정해 특정한 시간에 술값을 절반으로 깎아주거나 간단한 안주를 무료로 제공한다.

미국에서는 기본적으로 집 밖에서는 술을 마실 수 없고, 경기장 같은 곳에도 술을 가지고 들어갈 수 없다. 그래서 미국 교민들이 가끔 야유회를 하면서 술을 마시다 경찰에 단속을 당하는 경우가 종종 벌어진다. 집 밖에서 술 마시는 데 대한 구제가 엄격하다 보니 알코올 중독자들도 거리에서 술을 마실 때는 술병을 종이봉투에 감춘 채 몰래 마신다.

술의 판매제도 역시 매우 엄격하여 지정된 업소 외에는 술 판매가 금지되어 있다. 미국의 대표적인 체인인 세븐 일레븐(7-Eleven)에서도 술은 팔지 않는다. 술을 판매하려면 우선 주 정부나 시 당국으로부터 허가를 받아야 한다. 미국에서는 허가가 없으면 술을 팔수가 없기 때문에 단골 식당이라 해도 술을 마시고 싶을 때는 손님이 직접 가지고 가서 마셔야 한다. 술을 판매할 수 있는 허가가 있다고 해도 언제나 파는 것이 아니다. 특히 일요일에는 술을 팔지 않는 것이 일반적이다. 일요일에 손님을 초대하여 파티를 열 경우라면 토요일에 미리 술을 사두어야 한다.

미국인들의 음주문화는 우리와 다른 면이 많다.

우선 한국인들보다 훨씬 적게 마신다. 한국인들이 양주 한 병을 놓고 주거니 받거니 하면서 다 마시는 것을 보면 미국인들은 혀를 내두른다. 아무 곳에서나 술을 살 수 있고 맘껏 취할 수 있고, 술 때문에 일으킨 실수도 대충 양해가 되는 한국의 음주문화를 보면 한국은 술에 관한한 지상 천국이다.

미국의 술집에는 건장한 사나이가 문 앞에 서 있다. 이 사람은 출입하는 사람들의 신분증을 일일이 검사하는데 미성년자의 출입을 허용하지 않는 규칙 때문이다. 들어가 술을 마시려면 바텐더 앞에 한 잔씩 현금을 주고 술을 사서 각자 마시고 싶은 술을 받아 빈자리로 찾아간다. 빈자리가 없으면 서서 마시기도 한다.

취한 손님이 술을 추가로 주문하면 주인은 일반 음료수와 커피를 제공한다. 그리고 귀가를 종용하는 것이 관례다. 만약 업주의 말을 듣지 않고 계속하여 술을 요구하면 그 술집의 출입이 일정 기간 제한당한다.

술집 주인에게 이런 권리가 있는 곳이 바로 미국이다.

독일의 음주문화

맥주의 나라인 독일은 음주가 생활 일부다. 기록에 맥주가 등장하는 것은 10세기쯤으로 맥주를 마신 역사가 오래된 만큼 독일인의 음주문화는 매우 성숙되었다. 이런 독일의 음주문화는 크게 세 가지로 요약할 수 있다.

첫 번째로 음주는 대화를 즐기기 위한 하나의 수단이다. 라인강 주변에 자리 잡고 있는 쾰른과 뒤셀도르프의 술집거리는 주말이면 새벽 2시까지 흥청거린다. 그러나 시간이 흘러 취한 기분이 넘치더라도 결코 큰 소리가 들리지 않는다. 여기서 맥주는 대화를 윤기 있게 하는 촉매제 역할만 한다는 것을 알 수 있다.

두 번째로 음주는 법의 테두리를 지킨다. 독일에는 곳곳에 '비어가르텐(Bier garten)'이라 불리는 맥줏집이 있고 주택가에서도 술집이 자리를 잡고 있다. 이 맥줏집들이 아무런 문제 없이 영업하는데서 사생활을 보호하기 위하여 밤 10시 반 이후에는 옥외에서 술을 팔지 못하도록 하는 엄격한 법이 있고 이를 업주들이 철저히 지키기 때문이다. 주택가의 비어가르텐이 인기를 끄는 데는 음주운전을 피하려는 독일인들의 지혜도 배어 있다. 독일인들은 술자리가 있는 날이면 으레 순번을 정하여 그날의 운전자 한 명을 정하고, 이 운전자는 술자리에서 대화만 즐기되 음주는 거의 하지 않는다. 엄격한 독일 경찰의 법 집행과 이에 알맞은 독일인의 합리적인 음주문화가 엿보인다.

끝으로 앞선 나라들처럼 독일 역시 더치페이로 음주문화를 조절하나 독일의 맥주는 유난히 구수하고 맛이 좋다. 16세기에 제정된 독일 특유의 맥주 순수령에 따라 맥주보리에다 홉과 효모, 물만으로 맥주를 발효하여 숙성시키기 때문이다. 따라서 한 번 마시게 되면 구수한 맛에 빠져 폭음하게 될 것 같지만 현실은 다르다.

프랑스의 음주문화

프랑스에서는 주로 식사와 함께 반주로 포도주를 마신다. 마시는 포도주의 종류도 다양하다. 일반적인 식사 자리에서 주인은 손님에게, 남성은 여성에게 잔을 채워주는 것이 관례이고, 식사가 끝나면 코냑이나 칼바도스 등 알코올 농도가 높은 술을 한 잔 마셔 마지막 입가심을 한다.

관광도시 파리에서는 마음만 먹으면 지구촌의 모든 음식과 술을 맛볼 수 있다고 해도 지나친 말은 아니다. 세계 각국의 전통 음식을 파는 레스토랑들이 간판을 내걸고 있으며 웬만한 골목 어귀에는 카페나 비스트로라는 이름의 간이 술집들이 오가는 손님들의 호기심을 끈다.

무엇보다도 한 사람이 1~2만 원 정도면 어느 나라 음식이든 상관없이 저녁 한 끼를 즐길 수 있다.

러시아 음주문화

술을 많이 마실뿐만 아니라 술잔을 나눠야만 비로소 친해지는 한국의 음주 스타일과 가장 비슷한 곳이 바로 러시아다.

러시아에서는 평소 보드카를 즐겨 마시고 코냑이나 위스키 같은 유럽 스타일의 술은 예의를 차리는 자리에서나 마신다.

러시아의 음주문화는 술을 혼자 마시는 경우가 거의 없고 꼭 누군가와 함께 마시며 자기 잔을 홀짝거리거나 개별적으로 잔을 건네지 않고 전체 잔을 한 번에 채워 한꺼번에 마시는 문화적 특징이 있다.

세계 각국의 유명 술

프랑스의 와인Wine과 코냑Cognac

프랑스의 와인

기원전 4000년경인 청동기 시대의 분묘에서 포도씨가 발견된 것이 가장 오래된 포도의 역사이다. 원시시대의 와인이 어떻게 만들어졌는가는 알 길이 없다. 아마 항아리 속에 넣어두었던 포도를 깜빡 잊고 내버려 두었던 것이 자연 발효되어 술이 만들어진 것으로 짐작된다. 처음 와인이 빚어졌던 곳은 흑해 연안과 카스피해 남쪽의 서아시아 지방이라고 추정된다. 그 후 지중해 해안을 기점으로 그리스, 로마, 이집트 등의 지역으로 퍼진 후 로마 제국의 유럽 침략으로 기원전 1세기부터 프랑스에 포도원이 확산되기 시작하였다.

프랑스는 난류의 영향과 여름철에 비가 적고 고온 건조한 기후, 비옥한 토질로 포도 재배에는 최적의 자연환경으로 다른 유럽 국가에 비해 우량종의 포도를 재배할 수 있었다. 8세기에 들어서면서 당시 유럽의 지배 종교였던 기독교가 와인을 의식용으로 쓰기 시작하여 포도주는 수도승의 최대 연구 과제가 되었다.

와인이란 말은 넓은 의미로는 모든 과실주에 적용할 수 있으나 일반적으로 포도를 가지고 만든 술을 와인이라 부른다. 포도주 와인의 명성이 전 유럽에 퍼지게 되고 남미 식민지를 상대로 무역이 시작되자 와인은 국가의 중요한 재정 원천이 되었다. 차츰 본격적인 포도주 제조업체가 생겨나면서 포도주 양조법의 발달은 프랑스 와인을 세계 최고의 것으로 만들었다.

프랑스에서는 지역에 따라 지방 특유의 와인을 제조하는데 크게 3가지로 나누어 볼 수 있다. 우아하고 섬세한 풍미로 와인의 여왕이라 하는 '보르도 와인', 힘이 강하고 직설적인 맛을 특징으로 와인의 왕이라고 하는 '부르고뉴 와인', 약간 추운 북쪽에서 재배되는 '스파클링 와인'으로 나눌 수 있으며 이들은 각기 특징 있는 와인으로 인기를 유지하고 있다. 상품명으로는 '나폴레옹'이 세계적으로 가장 널리 알려져 있다.

프랑스의 코냑

과실을 원료로 하여 빚어낸 술을 증류하여 나무통에 오래 저장하였다가 만든 술을 브랜디라고 하는데, 코냑은 브랜디의 일종으로 포도주를 증류하여 만든 것이다.

프랑스의 코냑은 원료인 포도 생산에 천혜의 조건을 갖추고 있으며 여기에 경험과 기술이 축적되어 품질이 확실하게 보장되는 세계 3대 명주의 하나로 자리를 굳히고 있다.

브랜디를 처음 만든 사람은 연금술사였는데 문헌에는 13세기경 아르노드 비르누브라는 연금술사가 와인을 증류하여 '생명의 술'을 만들었다고 기록되어 있다. 그 후 17세기 후반부터 프랑스의 서남부 코냑 지방에서 '코냑'이라는 브랜디가 생산된 것이 코냑의 시작인데 그 유래가 매우 흥미롭다.

코냑시는 로마 시대부터 있었던 도시로, 주변의 농민들은 그 시대부터 열심히 와인을 만들고 포도를 재배하면서 생업을 영위해

가고 있었다. 그 후 16~17세기경에 와인 양조는 더욱 번성하여 여러 도시에 퍼져 영국까지 뻗어 나가 코냑시는 크게 번창하였다. 그러다가 주변 지방에서도 와인을 만들게 되었는데 코냑시의 와인이 다른 지방의 와인에 비해 품질이 떨어져 판로가 줄고 생산량은 과잉되었다. 이때 한 네덜란드인이 우연히 이곳을 찾아왔다가 이곳의 어려운 사정을 알고는 와인을 일시에 소비했다. 그 이전의 와인은 독특한 향기를 갖게 되었다. 이 브랜디 코냑에 취한 영국인들과 교역이 활발하게 진행되고, 세계적으로 널리 알려지면서 브랜디의 대표로 자리 잡게 되었다.

코냑 한 병에 7kg의 백와인이 소요된다고 하는데 오늘날에도 변함없이 이 방법으로 생산되고 있는 점에 주목해야 할 것이다.

영국의 위스키|Whiskey

생명의 물이라 불리는 위스키는 '증류'라는 과학적 방법으로 제조되며 그리 멀지 않은 옛날에 탄생되었다.

증류주를 만드는 증류 기술의 발명은 4세기경 이집트에서 발생한 연금술의 전파 과정에서 이루어졌다. 연금술이란 비금속에서 금속을 만들고자 하는 과학 이전의 학문으로 이집트에서 체계화되어 불구 아프리카를 거쳐 중세기 초(10~11세기)에 스페인으로 전파되었다. 이 과정에서 연금술사가 사용하는 기구에 발효액 술을 넣고 끓이다 강렬한 액체를 얻었다. 연금술사들은 이 액체를 라틴어로 아쿠아 비떼(Aqua-Vitae) 즉, 생명의 물이라 부르고 불로장수

의 비약으로 취급하였다.

위스키는 곡류를 대맥 맥아로써 당화하여 발효시켜서 당을 알
코올로 바꾼 다음 증류해서 오크(oak)를 통해서 숙성시킨 것을 풍
미를 기본으로 삼는 술로 양주의 대명사이기도 하다. 처음은 북부
아일랜드에서 맥주를 증류한 비어를 만들었는데 이것이 지금 위
스키의 시초다.

이중 스카치위스키는 세계적으로 유명한데, 우리나라 경상북
도와 거의 비슷한 면적과 인구를 가지고 있는 조그마한 땅에 불과
한 스코틀랜드에서 대부분 만들어지며 그 종류만도 2,000여 종에
이른다.

스코틀랜드는 원래 내전이 끊임없이 일어나 주식인 밀을 창고에 감추어 두고 오래 저장할 목적으로 훈증해 두었는데, 우연히 이 훈증된 원료로 위스키를 만드니 특유의 향이 강한 술이 되었다 한다. 스카치위스키의 탄생은 안개 속에 싸여 전설로만 전해오고 있는데 15세기에는 무색투명한 증류주였으나 지금같이 호박색을 갖게 된 것은 18세기 말 무렵부터이다.

영국 정부의 술에 대한 과중한 세금을 피해 스코틀랜드인은 산간에 들어가 밀주를 하게 되었는데 스코틀랜드는 보리가 많이 재배되어 밀주업자들이 이러한 대맥 맥아를 원료로 위스키를 만들었다. 이때 사용된 연료가 피크탄이었으며 또한 생산된 위스키를 보존하기 위하여 못쓰게 된 쉐리(쉬리)의 빈 통을 이용하여 위스키를 저장했다. 이와 같이 하여 만들어진 위스키는 시간이 흐르면서 통의 영향으로 황색에서 갈색으로 변색되어 가고 피크향과 쉐리 통의 향이 융합되어 독특한 향미를 가진 술로 변해 간다.

스카치위스키는 이러한 증류 방법으로 몰트위스키(Malt whisky), 그레인 위스키(Grain Whisky), 블렌디드 위스키(Blended Whisky)로 나누어진다. 지금은 스카치위스키를 만드는 데 있어 전통적인 방법으로 만들 뿐 인공적인 가미는 전혀 하지 않고 있다.

한편, 위스키를 산지에 따라 크게 다섯 가지로 분류하면 스코틀랜드에서 생산되는 스카치위스키, 아일랜드에서 생산되는 아이리시 위스키(Irish Whisky), 아메리카에서 생산되는 아메리칸 위스키(American Whisky), 캐나다에서 생산되는 카나디언 위스키(Canadian Whisky), 일본에서 생산되는 재패니즈 위스키(Japanese Whisky) 등으로 각기 특색있게 제조된다.

전통주 비법과 명인의 술

핀란드의 보드카Vodka

보드카는 알코올 도수가 40도 이상인 무색투명한 고도의 증류주이다. 추운 지방에서는 도수 높은 술이 많이 생산되는데 핀란드 보드카는 북구권의 보드카 중에서도 가장 유명하다. 핀란드 보드카의 역사는 16세기부터 시작되었는데, 유럽 전쟁에서 돌아온 용병들이 보드카 제조기술을 가져온 것이 계기가 되었다. 그 후 300여 년 동안 질 좋은 고급 보드카를 만들기 위한 양조 기술이 발전되고 핀란드 수질의 특성 때문에 보드카가 크게 발달되어 외국 관광객들의 큰 인기를 차지했다.

멕시코의 테킬라Tequila

정열의 나라 멕시코에서 200여 년 전통을 자랑하는 고급 양주 테킬라 블랑코(Tequila Blanco)는 자연 재배되는 알로에를 주원료로 한 순 알칼리성 술로서 맛과 향이 세계적으로 알려져 있다. 멕시코는 선인장으로 술을 만드는데 그 원료는 곡물이 아닌 멕시코 사막에서 자생하는 사보텐이다.

이를 발효시켜 풀케(Pulque)라는 원주를 만들고 그것을 증류하여 43도의 높은 증류주를 만드는데 이것이 테킬라이다. 강렬한 태양이 작열하는 멕시코 투우장 같은 흥분의 도가니에는 독특하고 자극적인 향이 강한 테킬라 같은 술이 어울린다.

진(Gin)이란 주정에 두송(杜松)이라는 수지가 풍부한 판목의 열매 따위로 향을 낸 술이다. 진은 무색투명의 상쾌함과 샤프한 맛을 지닌 술이다.

역사적으로 볼 때 진이 생겨난 고향은 네덜란드이다. 진을 처음 만든 사람은 네덜란드의 명문 라이덴대학 의학 박사였던 프란시스쿠스 실비우스라고 알려져 있다.

그가 1640년경 약주(藥酒)로 사용하기 위해 그레인(Grain, 곡물)을 증류해서 얻은 주정에 두송 열매를 담갔다가 증류하였더니 독특한 향의 술이 만들어진 것이다.

이는 1672년 실비우스가 죽고 난 후, 영국으로 건너가서 세계적으로 유명한 영국의 '런던 드라이진'으로 발전한다. 그 후 네덜란드인으로 영국의 왕이 된 윌리엄 3세는 프랑스가 생산하는 브랜디에 대적할 만한 술을 보급시키는 정책으로 프랑스에서 수입하는 와인과 브랜디의 관세를 대폭 인상하는 한편, 진의 세금을 내리고 증류소 설치를 누구에게나 허가함으로써 발전의 계기를 만들었다. 때문에 일반 노동자와 시민들에게도 진이 익숙해져 갔다. 이 강렬한 술은 싼값으로도 취할 수 있는 술로써, 아무리 가난한 사람이라도 이 술만 마시면 제왕이 부럽지 않은 듯한 기분이 든다고 하여 대중주로 자리 잡게 되었다.

진은 유럽 여러 나라에서도 만들어지기 시작하여 그리스에서는 레트시나(Retsina)라는 그리스 고유 와인으로 발전하였다. 그리스에서 만들어지는 송진 와인 레트시나는 백포주로서 발효 시 몇 조각의 송진을 넣어 증류한 독특한 진이다.

샴페인Champagne

샴페인의 역사는 정확히 알 수 없으나 수도원의 수도승인 동 페리 뇽이 만들었다고 한다. 그는 '거품 나는 포도주' 즉, 샴페인과 관련하여 전설적인 인물로 전해 내려오고 있다.

동 페리뇽은 먼저 이중 발효 현상을 연구했다.

수확한 뒤 첫 발효가 일어나고, 봄에 두 번째로 발효가 일어난다는 사실을 관찰한 그는 열정적인 실험을 통해 마음대로 이러한 발효를 조절하고 가속하는 데 성공하여 더욱 황홀하고 오묘한 맛의 포도주를 생산할 수 있게 되었다.

샴페인은 포도즙을 사용하면서 일반 와인과는 전혀 다른 독특한 맛과 향기를 지니고 아름다운 거품이 끊임없이 피어오르며, 특유의 제조 과정을 거쳐 새 포도주와 저장했던 포도주를 각기의 비법으로 섞는다.

그리고 적어도 1년~10년 이상 저장시키면 샴페인 고유의 복합적인 특성을 지닌 탄산가스가 용존된 깊은 신비로운 맛의 샴페인으로 숙성하게 된다.

옛 문헌과 참고문헌

조선 시대 술에 관한 문헌

『산림경제 山林經濟』

조선 숙종 때의 실학자 홍만선(1643~1715)이 농사에 종사하는 사람들을 위해 일상생활에서 알아두어야 할 것들을 저술한 책으로 자연 과학 분야의 대백과사전이다. 산림경제의 뜻은 살림살이를 뜻하는데 여기에는 당시 여러 술의 유래와 제법 등이 자세하게 소개되고 있다.

1200년 초 원나라의 중국식 생활양식을 기록한 『거가필용사류전집』을 모델로 하여 우리의 살림살이를 기록한 것으로 양조 종목수 61가지와 누룩 만드는 법, 구산주법(救酸酒法)과 32종의 술 제법이 자세히 소개되어 있다.

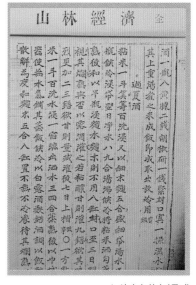

▲ 산림경제(과하주편)

감주, 감국주, 강향주, 과하주, 구기주, 국화주, 경면녹파주, 국미주, 내국향온주, 내국 홍로주, 두견주, 다린술, 밀주, 무술주, 백주, 방문주, 백화주, 벽향로, 부의주, 삼일주, 삼해주, 소국주, 송순주, 송엽주, 석창포주, 소맥소주, 약산춘, 오가피주, 일일주, 이화주, 장생불로주, 절주, 죽통주, 지주, 지황주, 잡곡주, 천문동주, 청감주, 청서주, 초사지주, 촉발화주, 포도주, 해송지주, 하수오주 등이 기술되어 있다.

▲ 산림경제(약산춘편)

『증보산림경제 增補山林經濟』

홍만선의 『산림경제』를 영조 42년(1766)에 유중림이 증보한 것으로 16권으로 이루어졌다.

식생활 종합서, 가정 백과사전으로 술 50종, 조곡, 작주주본법, 구산주법, 소주 음법, 빚기, 술값 등의 자료가 있다.

감국주, 과하주, 구기주, 경면녹파주, 노주, 백자주, 백로주, 벽향주, 별주, 부의주, 삼일주, 삼해주, 송순주, 소국주, 화주, 아라키주, 소맥소주, 칠일주, 약산춘, 연엽주, 이강주, 일일주, 이화주, 죽력고, 잡곡주, 화양인주, 호도주 등이 자세히 기술되어 있다.

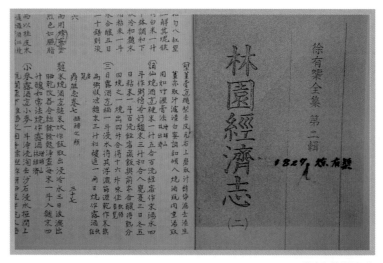

▲ 산림경제(약산춘편)

『임원십육지 林園十六志』

조선 순조 때 실학자의 거두 서유구(1764~1845)가 지은 책으로 일상생활에 필요한 것을 알리고자 『증보산림경제』를 토대로 엮은 113권의 대백과전서다. 여기에는 우리 향토주에 관한 귀중한 자료들이 많이 수록되어 있는데 술 99종, 보양지술 33종이 수록되어 있고 탁주위 청주방, 구주법, 수잡주법, 수중양법, 치국법(治麴法) 등 다양한 자료가 기록되어 있다.

감주, 감국주, 감향주, 강주, 고본주, 과하주, 구기주, 국화주, 급수주, 건창홍주, 감저주, 잠저소주, 계명주, 감홍로, 계당주, 국향주, 노주이주방, 녹파주, 내국홍로주, 당귀주, 도화주, 동미명주, 두강주, 두강춘, 동정춘, 동파주, 당량주, 도로양주, 보리소주, 마골주, 밀주, 무릉도원주, 만전춘주, 마인주, 도화주, 상남주, 백주, 백하주, 백화주, 벽향주, 부의주, 연래춘, 백엽주, 백부주, 산사주, 삼일주, 삼해주, 송자주, 송지주, 송액주, 송화주, 소맥로주, 삼구주, 삼일로주, 신선주, 신선고본주, 우슬주, 이강주, 왜구주, 왜미림주, 오향소주, 왜소주, 연엽주, 인삼주, 삼주, 장생불로주, 장춘주, 절주, 욱엽주, 죽력고, 죽엽청, 지주, 지황주, 잡곡주, 집성춘, 장송주, 천문동주, 청감주, 청명주, 청서주, 칠일주, 천태홍주, 춘주, 칠석주, 천리주, 천금주, 포도소주, 호골주, 화춘입주, 하삼청, 홍국주, 회춘주, 황정주, 향온주, 화주 등 다양한 주종이 자세하게 기술되어 있다.

『규합총서閨閤叢書』

『규합총서』는 현재 목판본 1책(가람문고본), 필사본(2권 1책)으로 된 부인필지(1권 1책, 국립중앙도서관 소장본) 및 개인 소장본(필사본 6권) 등이 전해지고 있다.

본래 작자, 제작연대 등이 미상이었으나 1939년 『빙허각전서』
가 발견되면서 이 책의 1부작으로 확인되었고 작자도 조선 영조
때의 실학자 서유구의 형수인 빙허각 이씨임이 알려졌다.

여성들에게 교양 지식이 될 만한 주시의(酒食議), 재의(裁衣),
직조(織造), 수선(修繕), 염색(染色), 문방(文房), 기용(器用), 양잠
(養蠶) 등에 관한 내용이 한글로 수록되었다. 지금은 잘 알 수 없는
각종 비결과 문자가 많아 당대의 생활사를 연구하는데 좋은 자료
가 된다.

식생활 총서로는 약주 17종, 여러 나라 술 이름, 술잔 이름, 술
이 깨고 취하지 않는 법 등 다양한 주시의(酒食議)가 기록되었으
며 장 담그는 법 8가지, 초 담그는 법 4가지, 김치 담그는 법 11가
지, 고기반찬 19가지, 떡 만드는 법 28가지가 소개되었다. 이 밖에
도 누에치기, 동물 기르기, 아기 다스리기, 벌레 없애는 법 등 다양
한 내용으로 되어 있다.

여기에 소개된 술은 오가피술, 도화주, 연엽주, 두견주, 소곡국,
과하주, 백화주, 감향주, 송절주, 송순주, 한산춘, 삼일주, 일일주,
방문주, 녹화주 등이 있다

『규곤시의방閨是議方』

표지에는 『규곤시의방』이라고 되어 있지만 『음식지미방』 또는
『음식디미방』이라고도 한다. 내용 첫머리에 한글로 『음식디미방』
이라고 쓰여 있다.

1670년 정부인(貞夫人) 안동 장 씨가 음식과 술 빚는 법을 자식에 전수하기 위하여 만년에 집필한 유고집 146조목 중 51조목이 술에 관한 것이다.

부의주, 사시주, 삼오주, 소국주, 송순주, 송절주, 화주, 아라키주, 약산춘, 오가피주, 연엽주, 일일주, 이화주, 유화주, 절주, 정감 청주, 점주, 칠일주, 하절감주, 황금주 등에 대해 자세한 제법을 기술해 놓았다.

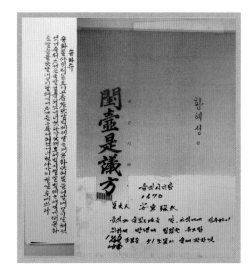

▲규곤시의방

『조선주조사朝鮮酒造士』

『조선주조사』는 우리나라 술의 제조 역사를 자세히 정리하여 소개한 책이다. 이 책은 일제강점기 시대 때 만들어졌는데 해방을 맞이하여 유태종이 『한국의 명주』로 다시 정리하여 우리의 전통주를 소개하였다. 우리나라의 술의 기원과 변천사, 이강주, 과하주, 신청주, 감홍로, 송순주, 오미주, 살구주, 재제 포도주, 재제 위스키, 리큐어, 냉동청주의 제조법이 있다.

특히 1909년 〈주세법〉 발표 이후 주세법의 변천 역사가 수록되었는데 이 기록을 보면 1926년 주조자 수는 대단히 많아서 그중 영업자 수는 121,800여 명, 자가 면허자 수는 366,700여 명이 되었다. 1918년에 영업자 수는 90,650명으로 줄었으나, 자가 면허자 수가 375,700명으로 증가하였다. 그 후 각지의 제조장을 연합하였다고 기록되어 있는데 이때가 우리 술이 밀주로 전락하면서 일본의 입곡 제조술들이 큰 규모로 자리 잡게 된 때로 보인다.

『조선상식문답^{朝鮮常識問答}』

최남선은 『조선상식문답』을 지으면서 국호, 지리, 물산, 풍류, 명일, 역사, 신앙, 유학, 어문의 목차를 만들어 100가지 질문을 던지고 여기에 답하는 형태로 기술되었다.

일반 백성들에게 우리 것에 대한 지식을 심어 주기 위한 참고서로 지은 책이다. 이 책의 예문 가운데 술에 관한 아래의 내용이 있다.

▲조선상식문답

(문) 조선술 중 유명한 것은 무엇이 있습니까?

(답) 가장 널리 퍼진 것은 평양의 감호로니 소주에 단맛 나는 재료를 넣고 홍곡으로 밝은 빛을 낸 것입니다. 그 다음은 전주의 이강고니 뱃물과 생강즙과 꿀을 섞어 빚은 소주입니다. 그 다음은 전라도의 죽력고니 청대를 숯불 위에 얹어 뽑아낸 즙을 섞어서 고운 소주입니다. 이 세 가지가 전국적으로 유명했던 것입니다.

이 밖에 김천의 두견주, 경성의 과하주처럼 부분적 또 시기적으로 좋게 치는 종류도 여기저기 꽤 많으며, 뉘 집 무슨 술이라고 비전하는 것도 서울, 시골에 퍽 많았습니다만 근래 시세에 밀려 대개 없어지는 것이 매우 아깝습니다.

『도문대작^{屠門大嚼}』

1611년 허균이 지은 책으로 음식을 여섯 종류로 나눠 산지와 맛의 성격 등을 서술한 내용이다. 도문대작의 뜻은 푸줏간 앞에서 크게 입맛을 본다는 의미로 『홍길동전』의 작가이기도 한 허균은 전북 익산 유배지에서 과거에 전국 도처에서 즐기던 식도락을 회상하여 각지의 명산을 나열하고 간단한 설명을 붙였다.

병이지류, 고살지류, 비주지류, 해수족지류, 소채지류, 기타 등 음식을 여섯 가지로 나누었는데 여기에서 개성의 술 태상주, 삭주, 자주의 이름도 나온다.

『주방문^{酒方文}』

서울대학교 가람문고에 소장되어 있는 매우 오래된 서책으로 한글로 기록되어 있으나 연대와 지은이는 알 수 없다.

감주, 과하주, 급시주, 급청주, 다나무잎술, 벽향주, 부의주, 삼해주, 송령주, 일일주, 백설춘, 절주, 청명주, 함부 등이 자세하게 기록되어 있다.

『양주방^{釀酒方}』

술 만드는 방법을 기술한 책으로 19세기 초의 것으로 보인다.

과하주, 늪나주, 경향옥액주, 도화주, 동파주, 닥나무잎술, 매화주, 방문주, 백화주, 벼락술, 상천삼원춘, 백란주, 사시주, 송지주,

송엽주, 삼합주, 구황주, 천금주 등이 자세히 기술되어 있다.

『동의보감東醫寶鑑』

우리나라와 중국의 의서를 모아 집대성한 한의학의 백과전서다.

　허준이 선조의 명을 받아 선조 30년(1597)에 착수하여 광해군 2년(1610)에 완성한 책이다. 한방 미주편에 한약재로 술을 담그는 방법과 약용을 목적으로 하는 약술을 빚는 방법이 다양하게 기술되어 있다.

『고려사高麗史』

고려 175년간의 정사(正史)를 기록한 책으로써 조선 태조 때부터 시작하여 문종 원년(1451)에 완성되었다.

　『고려사』는 역대의 중요 기사를 연대순으로 기술한 책으로 여기에 황금주, 백자주, 송주, 죽엽주, 오가피주, 이화주, 예주 등의 이름이 나온다.

『동문선東文選』

신라 시대부터 조선 숙종 때까지의 시문(詩文)을 모은 책으로써 유하주, 신풍주 등의 이름이 나온다.

『동국이상국집東國李相國集』

고려 고종 때의 학자 이규보(1168~1241)의 문집이다. 이규보는 미직이었으나 최충헌 앞에서 술을 취하게 마시고 시를 지어 그때부터 출셋길에 오르게 된 사람이다.

문집의 내용은 고려 식생활사 연구 자료의 보고로서 그 내용 중에 이화주, 자주, 화주, 초화주, 백주, 방문주, 춘주, 천일주, 천금주, 청주, 삼해주, 벽춘구, 구에주 등을 거론하고 있으며 조정의 양온서에서 빚어졌던 청법주(淸法酒)가 기술되어 있다.

『파한집破閑集』

고려 중기의 문인 이인로(1152-1220)가 지은 우리나라 최초의 시화집으로 신라 풍속을 설명하였고 서경(지금은 평양)의 궁정, 사찰, 풍속과 사실 및 전설 등이 실려 있다. 이인로는 무인 정치 시대에 몰락한 문인 7인 중 한 사람으로 술로써 모든 시름을 잊고 담담하게 살았던 죽림고회의 일원이다. 문집에는 녹주, 청주, 국화주의 이름이 나온다.

『목은집牧隱集』

고려 말기의 성리학자 이색(1328~1396)의 유고집으로 여기에는 식품사 자료가 풍부하다. 그의 시문은 이규보와 더불어 고려 2대가로 꼽힌다. 여기에는 동동주, 창포주의 이름이 나온다.

『포은집圃隱集』

고려 말기의 충신이며 성리학자인 정몽주(1337-1392)의 시문집으로 창포주의 이름이 나온다.

『도은집陶隱先生集』

이숭인(1347-1392)의 시문집인데 이 문집에 도소주, 탁주, 황봉주, 계향 어주의 이름이 나온다.

『한림별곡翰林別曲』

고려 고종 때 한림의 여러 선비가 합작한 문집인데 이 시문집에는 황금주, 백자주, 송주, 에주, 죽엽주, 오가피주 등의 이름이 나온다.
이 책의 「잡용속방(雜用俗方) 편」에 소주, 소독방, 도화주, 소곡주, 청서주, 과하주, 약산춘의 제법도 자세히 쓰여 있다.

『경도잡지京都雜志』

저자는 조선 후기 실학자 유득공으로 북학파의 거두 박지원의 제자인 그는 중국 연경에 다녀온 후 중국 문화에 자극받아 산업 진흥을 주장했고 문장에도 능하여 『발해고』를 편찬하기도 하였다.
『경도잡지』는 두 권으로 구성되어 있으며, 1권은 풍속 편으로

의복, 주책, 음식, 서화에 대하여 제2권은 「세시편」으로 『동국세시기』의 모태가 되었다.

1권의 「주시편」에 소국주, 도화주, 두견주, 감홍로주, 이강고, 죽력고 등이 좋은 술로 이름났다고 쓰여 있다.

『고사찰요 故事撮要』

이름 그대로 예일을 쉽게 요약하여 놓은 책으로, 사람이 살아가는데 있어 아무리 총명하여도 갑자기 일을 당하면 당황하므로 이를 정리하여 활용하기 위해 이 책을 지었다고 쓰여있다.

궁중의 의식, 양전법(量田法), 제전 의식, 민간요법, 술 빚는 법 등 국가 예식부터 소소한 작은 일까지 이것저것 적혀 있다.

이 고서는 여러 사람의 해박한 지식을 모아서 집대성한 책으로 누가 지었다고 단정할 수 없으며 우의정 심연원, 좌의정 윤개, 대재학 장사용, 참판 심도원 등 12명이 고증하고 관이 주관하여 쓰인 책으로 1728년 이숙관이 이를 정리하였으니 공동합작 저서로 보아야 한다.

여기에 노주, 도화주, 소고주, 청서주, 과하주, 약산춘이 소개되어 있다.

『동국세시기 東國歲時記』

저자 홍석모는 정조 때 유학자로서 정월에서 섣달까지 1년 열두

달의 행사와 풍속을 22항목으로 나누어 상세히 설명하고 있다. 우리나라 민속을 다룬 문헌 중 가장 소상한 고증을 통해 그 기원과 유래를 밝혀 놓고 있으므로 고대 풍속 연구의 중요한 자료다. 서문이 헌종 15년(1849)에 쓰인 것으로 보아 1849년 이전에 저술한 것으로 추측된다.

3월의 풍속 중에 과하주, 소곡주, 두견주, 도화주, 송순주, 삼해주, 감홍로, 죽력고, 계당주, 이강주가 소개되어 있다.

『수운잡방需雲雜方』

중종 때 김수(1481-1552)가 지은 것으로 알려져 있다. 한문 필사본으로 1책으로 이루어져 있으며 총 25편이다. 전체 117개 항 중에서 술과 관련된 항복이 61개 달하는데 그 내용은 주방문에 가깝다.

『역주방문歷酒方文』

1800년대 중엽에 간행된 것으로 추정된다. 저자는 알려지지 않았으며 한문 필사본 1책으로 구성되어 있다. 원래 책 제목이 '주방문'으로 되어 있는데 책력 뒤에 적었기 때문에 다른 주방문과 구별하여 『역주방문』이라 부르게 되었다.

세신주, 신청주, 소곡주, 백자주, 백화주, 녹파주, 진상주, 옥지주, 옥지주, 오가소양, 과하주, 벽향주, 삼해주, 삼오주, 과화주, 하향주, 감하향주, 편주방, 이화주, 향온주, 삼일주, 백화주, 유화주, 두강주, 아황주, 연화주, 오가피주, 소자주, 죽엽주, 송엽주, 모소주 1, 모소주2, 삼일소곡주, 일야주, 광제주, 백화주, 모소주, 삼미주, 소곡주 등의 술이 기술되어 있다.

『요록^{要錄}』

출간 연대는 1680년대로 추정된다. 저자는 정확하게 알려지지 않았으며 한문 필사본 1책으로 이루어져 있다. 총 33매로 권말에 한글로 쓴 조리법 5매가 있다. 고려대학교 신암문고에 소장되어 있다.

술이 병을 치료하는 데에 쓰였던 까닭에 이 책에서는 단순히 술의 이름과 그 만드는 비법을 설명하는 것이 아니라 각각의 술이 어떤 병에 효험이 있는지 그 약용가치에 대해서도 자세히 언급하고 있다.

이 책에 실린 술로는 이화주, 감향주, 향온방, 백자주, 삼해주, 자주1, 자주2, 벽향주, 소국주, 하양주, 하일주, 하일청주, 연해주, 무시주, 필일주, 일일주, 급주, 죽엽주, 송자주, 송엽주, 애주, 오정주, 황하주, 황금주, 출주, 국화주, 인동주가 있다.

『열아홉 가지 술 이야기』

출간 연대는 1800년대 말엽으로 추정되며 역시 저자는 알려지지 않았고, 한글로 쓰인 22매의 조리서다. 내용은 술 빚는 법과 음식 만드는 법이다.

술 빚는 법과 관련된 항목은 사철주, 삼일주, 일일주, 사시통음주, 사절소곡주, 두견주, 두광주, 청명주, 오병주, 방문주, 여름의 술, 이화주, 부의주, 송영주, 삼선주, 청감주법, 벽향주, 감주법, 십일주 등이 나와 있다.

『스물일곱 가지 술 이야기』

1795년에 쓰인 조리서로 추정하고 있으며 저자는 알려지지 않았다. 한글로 된 필사본 1책으로 구성되어 있고, 현재 고려대학교 신암문고에 소장되어 있다. 일명 "듀식방"이라고도 한다. 술과 관련된 내용이 총 27종이고 나머지 떡과 찬은 모두 8종으로 술 빚기가 주된 내용이다.

이 책에 소개된 술은 소국주, 백일주, 부의주, 과하주, 부렵주, 소조법, 보리술법, 일일주법, 국화주, 송국주법, 청주법, 백화주, 호산춘, 삼해주, 삼칠일주, 솔주, 소절주, 연엽주, 칠일주, 벽향주, 별향주, 노산춘, 과하주, 감향주 등이 있다.